LETTRES

SUR

L'EUPHORIMÉTRIE.

DIJON, IMPRIMERIE DE DOUILLIER.

LETTRES

SUR L'EUPHORIMÉTRIE,

OU

L'ART DE MESURER LA FERTILITÉ DE LA TERRE;

INDIQUANT LE CHOIX DES MEILLEURS ASSOLEMENTS,

En faisant connaître d'avance leurs produits et leur action sur le sol.

PAR J. VAREMBEY.

> On trouvera quelque jour le moyen de mesurer avec précision la force productive du sol. Si cette découverte ne se fait pas de mon vivant, j'aurai mis du moins sur la voie pour y arriver.
>
> (THAER, *Guide pour l'Enseignement de l'Agriculture*, § 180).

A PARIS,

CHEZ MADAME BOUCHARD-HUZARD, LIBRAIRE,
RUE DE L'ÉPERON, N° 7.

1843.

EUPHORIMÉTRIE.

Tous les hommes d'un esprit supérieur qui ont écrit sur l'agriculture ont cherché à généraliser ses principes, et se sont efforcés de l'élever au rang des sciences exactes. Mais ils n'ont enfanté que des systèmes parfois ingénieux, souvent erronés et toujours incomplets, qui, à l'exemple de ceux qu'on voit éclore en médecine, ont été d'abord exaltés avec enthousiasme, puis modifiés, enfin abandonnés et remplacés par d'autres qui avaient à leur tour une durée plus ou moins éphémère. Aussi, l'agriculture, quoi qu'on en dise, est-elle restée à peu près stationnaire et en arrière de tous les autres arts : son enseignement comme science manque tout-à-fait de doctrine; et ses livres innombrables ne sont que des expositions de systèmes défectueux et mal assis, ou plus souvent des compilations de pratiques irrationnelles et de procédés empiriques dont les résultats, subordonnés à l'état de fécondité des sols, ne répondent presque jamais à l'attente de ceux qui les mettent en application.

Pourquoi cette vacillation dans la marche de l'agriculture? Serait-ce qu'elle n'est pas susceptible d'être asservie à des règles fixes et positives, parce que, le phénomène de la vie végétale étant aussi mystérieux que celui de la vie animale, l'esprit de l'homme sera toujours impuissant à surprendre le secret de la production des végétaux?

Laissons à la nature ses mystères qu'il ne nous est pas donné

de pénétrer, et que nous n'avons pas besoin de connaître pour
cultiver la terre ; sachons seulement mieux étudier les faits qu'elle
accomplit sous nos yeux, et l'agriculture deviendra une science
aussi précise que la physique elle-même.

Avant l'invention de la géométrie, on remarquait les différences que les corps présentent en étendue, en surface, en volume,
en pesanteur ; mais ces appréciations étaient imparfaites et con-
fuses. La science vint, et elle apprit à les déterminer avec précision : elle créa un type fixe de mesure qui devint le terme com-
mun de comparaison et d'appréciation. On juge à la simple vue
que deux arbres sont d'inégale hauteur ; mais ce n'est qu'en appliquant le mètre sur la longueur de chacun d'eux qu'on parvient
à connaître avec exactitude de combien la hauteur de l'un surpasse la hauteur de l'autre, et quels sont les rapports précis de
ces hauteurs différentes.

La chimie aussi a été long-temps un art hermétique, aveugle
et sans principes ; et cependant aujourd'hui elle est parvenue au
rang des sciences les plus exactes, sans avoir cherché à expliquer
les causes premières de tous les phénomènes qu'elle constatait.
Elle a reconnu, par exemple, que tel acide s'unissait à telle base
de préférence à telle autre ; et elle en a conclu la loi des affinités
électives, sans se mettre en peine de rechercher la cause inexpli-
cable de ces affinités.

Il n'est pas nécessaire non plus, pour fonder la science agricole, de savoir par quels moyens cachés la nature organise les
corps végétaux. Bornons-nous à bien étudier les effets réciproques de la fécondité du sol sur la production végétale et ceux de
la production végétale sur la fécondité du sol. Nos connaissances
positives n'iront probablement jamais au-delà : mais c'en est
assez pour asseoir la science de l'agriculture sur des bases solides. Qu'a-t-on besoin, en effet, de remonter aux principes
élémentaires de la fertilité et de chercher à expliquer ce qui
constitue son essence ? Il suffit de savoir qu'elle existe ; il faut la
prendre telle qu'elle est, l'étudier dans ses effets comme on étu-
die les propriétés physiques des corps en général, sans essayer
de déchirer le voile impénétrable qui couvre leur origine. Sau-
rons-nous jamais ce qui constitue la lumière, le calorique, la

transparence des corps, leur ductilité, leur fusibilité, leur solubilité? Pourrons-nous jamais non plus corporifier la *fécondité*,
l'abstraire du sol pour la soumettre à l'analyse? Contentons-
nous de connaître les symptômes de sa présence, de savoir qu'elle
se manifeste à nos sens par un caractère à elle propre, qui est
la *production végétale*; apprenons à distinguer où elle est, où
elle n'est pas, ce qui augmente son intensité, ce qui la diminue;
et trouvons le moyen de la *mesurer* par ses effets plus ou moins
prononcés sur la végétation, comme on est parvenu à mesurer
le calorique, l'humidité, l'électricité, etc. C'est par cette voie
seule que l'agriculture peut s'élever au rang des sciences exactes,
que nulle autre mieux qu'elle n'est capable d'atteindre : tout le reste
est dans le domaine d'une métaphysique conjecturale et obscure.

Peut-être contestera-t-on que la fertilité soit une véritable
propriété physique du sol, parce qu'elle ne tombe pas immédiatement sous les sens, comme la couleur, la transparence, la
fluidité. Ce serait mal définir les propriétés physiques que de
donner ce nom uniquement à celles qui semblent n'avoir pas besoin du concours de quelque cause externe pour être perçues
par nos sens. Je ne veux point ici faire un cours de physique;
mais il est certain qu'aucune propriété des corps ne peut nous
apparaître sans cette intervention. A-t-on la conscience de la
dureté tant que le choc ne l'a pas démontrée? Qui rend la mal-
léabilité sensible si ce n'est l'action du marteau? Voit-on la fusibilité en l'absence du feu, la solubilité en l'absence de l'eau? La
couleur, la transparence même, sont dues à l'action de la lumière,
et la fluidité n'existe que par l'influence du calorique. Il est donc
évident que toutes les propriétés physiques, considérées abstrac-
tivement et détachées des corps auxquels elles appartiennent,
sont de pures idéalités qui ne revêtent une existence sensible que
lorsque les corps dont elles sont les attributs subissent l'action
d'autres corps ou même celle d'un fluide impondérable.

Il en est de même de la fertilité. Si on veut l'isoler, par la
pensée, du sol dont elle est la propriété la plus caractéristique,
ce n'est plus qu'une chose incorporelle, une abstraction, une
simple qualification qui n'a pas d'existence propre, et qui n'en
prend une réelle qu'avec le sol et par le sol dont elle est physi-

quement inséparable. Mais, unie au sol dont elle imprègne la substance, et dont elle est l'un des attributs les plus distinctifs, elle se révèle à nos sens par la *production végétale :* elle a donc à son égard tous les caractères d'une véritable propriété physique.

Or, l'intensité de tous les attributs physiques des corps est susceptible de variation, de graduation et de calcul. Veut-on mesurer l'étendue, la superficie, le volume, la pesanteur? C'est en y appliquant des types de longueur, de surface, de capacité, de poids. La chaleur se mesure et se compare par la dilatation sensible qu'elle exerce sur tous les corps et plus ostensiblement sur ceux qui sont fluides ou élastiques; l'humidité, par celle qu'elle fait subir au tissu d'un cheveu, etc. En un mot, toutes les propriétés physiques des corps, toutes sans exception, sont mesurées par des types analogues à ces propriétés, servant ainsi à constater et à comparer soit les différences d'intensité de la même propriété physique dans des corps divers, soit ses variations accidentelles dans le même corps.

Pourquoi n'en serait-il pas de même de la fertilité? On reconnaît que tel champ est plus fertile que tel autre; que telles récoltes diminuent sa fécondité; que telles autres l'augmentent; que le fumier, la jachère, le pâturage, l'augmentent aussi : il ne s'agit donc que de trouver le moyen de déterminer avec exactitude de combien est cette augmentation ou cette diminution de fécondité, et par conséquent de *mesurer la fécondité* elle-même. Pour y parvenir, il suffit d'adopter, comme en géométrie, un type comparatif de mesure, type nécessairement différent de ceux employés par cette science, puisqu'il est ici question d'autre chose que d'étendue, de surface, ou de capacité des corps.

S'il existait une substance sur laquelle la force productive de la terre manifestât sa présence et son intensité d'une manière sensible et prompte, elle ferait aisément connaître, à l'instar du thermomètre, en la mettant en contact avec le sol, combien celui-ci contiendrait de fécondité. Mais cette substance n'existe pas et ne peut pas exister; car la fécondité ne se montre que par la végétation : or, la végétation est trop lente à se développer et à s'accomplir; elle est d'ailleurs trop variée dans ses produits, pour

y trouver l'instrument propre à mesurer la fertilité et pour fournir autre chose qu'un moyen de vérification et de contrôle.

Sans doute, la quantité des produits végétaux obtenus indique
l'état de fertilité du sol, et permet d'évaluer son intensité en re-
montant de l'effet à la cause : c'est un moyen d'établir la mesure,
de la graduer, de la vérifier. Mais le type, l'échantillon comparatif, ne peut être pris que dans une substance éminemment douée
elle-même de fécondité, et qui, à une dose déterminée, produise
un effet de végétation connu.

Dans tous les temps, on s'est livré à de pénibles et infructueu-
ses recherches pour arriver à la solution de ce problème. Tantôt
on a fait l'analyse chimique des sols dans l'espoir d'isoler et de
saisir le principe de la fécondité ; tantôt on a cherché à la ma-
térialiser sous le nom d'*humus*, et à mesurer son volume par la
comparaison du poids du sol préalablement desséché, avec le
poids qui lui restait après la calcination. Mais c'était vouloir dé-
couvrir les éléments constitutifs d'une propriété physique, au
lieu de se borner à étudier ses effets. Aussi, rien d'utile pour la
science n'est sorti de ces travaux.

A la fin du siècle dernier, une idée lumineuse se fit jour parmi
les agronomes : ce fut la classification des récoltes en deux catégories distinctes, celle des plantes *améliorantes* et celle des
plantes *épuisantes*, classification qui a servi de base au système
de culture alterne. Toutefois, cette donnée si simple et si vraie,
qui aurait dû être la source de solides progrès pour la science,
n'a enfanté que des résultats désastreux, parce qu'on s'est empressé de l'ériger en théorie avant de l'avoir étudiée, et qu'on l'a
mise en application sans l'avoir développée ni approfondie, sans
savoir précisément ce qu'on apportait d'amélioration d'un côté
ni ce qu'on opérait en épuisement de l'autre. De là il est arrivé
que les agriculteurs, dans leur préoccupation aveugle, attribuant
aux récoltes améliorantes plus d'influence qu'elles n'en possé-
daient, et aux récoltes épuisantes moins d'effet qu'elles n'en exerçaient réellement, ont conduit leurs domaines, par une voie rapide de détérioration, à un état voisin de la stérilité. Confiants
qu'ils étaient dans un système qui reposait sur une base vraie,
mais mal explorée, il leur semblait que, le sol ayant été *amélioré*

par une récolte sarclée, ils pouvaient l'*épuiser* par une céréale de printemps suivie d'un trèfle *améliorant* qui leur permettait de l'*épuiser* de nouveau par une céréale d'hiver : en sorte que, dans leur opinion, il se serait fait ainsi un échange innocent de fécondité alternativement donnée et reprise, sans aucun dommage pour le sol.

Tout était conjectural dans ce raisonnement. D'abord, il n'est pas vrai qu'une récolte sarclée soit améliorante par elle-même : elle épuise, au contraire, et ne devient bonifiante que par le fumier qu'on lui distribue. Or, quelle quantité de fécondité enlevait-elle au sol, et combien lui en était apporté par le fumier ? C'est ce qu'on ignorait complètement. Ensuite, de combien était l'épuisement causé par la céréale de printemps ? De combien était l'amélioration procurée par le trèfle qui lui succédait ? On ne le savait pas davantage. Si la céréale de printemps enlevait un quart de la fécondité du sol, et si le trèfle n'y reportait qu'un sixième de celle qui était restée, on conçoit que l'équilibre espéré était loin d'être maintenu ; puis, si le blé qui venait après emportait le tiers et plus de celle qu'il trouvait, le résultat définitif pour le sol, compensation faite de l'amélioration et de l'épuisement, devait être nécessairement un déficit considérable de fécondité. C'est ainsi qu'en agriculture un système en lui-même vrai, mais mal élaboré, conduit toujours à des erreurs funestes.

Cependant c'était faire un pas en avant que d'envisager ainsi les récoltes sous le point de vue des propriétés réelles dont elles jouissent à l'égard du sol, de les classer d'après les effets d'amélioration ou d'épuisement qu'elles produisent sur lui, ou en d'autres termes, d'après l'augmentation ou la diminution qu'elles font subir à sa fécondité. Par-là on mettait à découvert une loi non encore étudiée de la nature ; et de ce moment on pouvait prévoir que l'agriculture ne tarderait pas à prendre enfin le rang qui doit lui appartenir parmi les sciences physico-mathématiques.

On savait de toute ancienneté que la fertilité de la terre exerce une action directe, puissante, et en quelque sorte créatrice sur la production végétale, et que plus celle-là est grande, plus celle-ci est abondante. Mais à peine jusqu'alors avait-on donné

quelque attention sérieuse à l'espèce de réaction que la production végétale exerce à son tour sur la fertilité, malgré qu'on soit
ramené sans cesse à cette observation par le décroissement que
certaines récoltes font éprouver à celles qui les suivent : et pourtant, il était nécessaire non-seulement de connaître cette réaction, mais encore de l'évaluer et de la calculer, afin d'apprécier
les variations en plus ou en moins qu'elle apportait annuellement
à la fécondité du sol, et par suite aux productions subséquentes
qui en émanent.

Placée dans cette voie de recherches, la science de l'agriculture a un but clair et bien défini : elle consiste à déterminer les
effets réciproques de la fertilité sur la production et de la production sur la fertilité. Cette définition résume le programme de la
science qui est encore à créer depuis la base au sommet : car, en
vérité, l'agriculture, non pas comme art peut-être, mais comme
science, n'a eu jusqu'à présent ni doctrine, ni principes fondamentaux, ni enseignement. Tous ceux qui ont établi des instituts
agricoles y démontrent tant bien que mal la pratique de l'art
manuel; mais ils n'y enseignent pas la science qui n'existe point
encore. Qu'on lise dans les *Annales agricoles de Roville* ce
que M. *de Dombasle* appelle des *leçons* à ses élèves, et on
verra si j'exagère. Les ouvrages allemands eux-mêmes, si pleins
de travail, de conceptions ingénieuses et d'observations utiles, ne
renferment point de corps de doctrine : on n'y rencontre çà et
là que des lambeaux épars de saine théorie enfouis dans un amas
d'aperçus mal digérés.

Au demeurant, qu'a-t-on su jusqu'à présent de positif en agriculture? Une seule chose : c'est que la quantité de produits végétaux qu'on retire de la terre par une culture supposée convenable, est toujours *proportionnée* à l'état de fécondité du sol.
Mais on ignorait le rapport exact de cette proportion, parce qu'on
n'avait pas trouvé le moyen de mesurer la puissance productive
de la terre, et que dès-lors il était impossible d'établir le rapport
proportionnel de deux quantités dont l'une restait inconnue. Par
la même raison, on ignorait aussi ce que les produits végétaux,
proportionnellement à leur volume, font subir d'augmentation
ou de diminution à la fécondité du sol d'où ils sont sortis.

Ainsi, les deux propositions fondamentales qui s'offraient d'abord à l'étude scientifique étaient celles-ci :

Déterminer ce que l'intensité *connue* de la fécondité d'un sol doit y créer de production végétale;

Et réciproquement,

Déterminer ce qu'une quantité *connue* de production végétale recueillie dans un sol, retranche ou ajoute à sa fécondité.

Or, ce double problème était subordonné à la solution préalable de cet autre : Combien une quantité *connue* de production végétale obtenue sur un sol d'une surface donnée, indique-t-elle de fécondité en lui? Et tous ces problèmes devaient demeurer insolubles, tant qu'on ne saurait pas réduire la fécondité elle-même en *quantités*. Il fallait donc, avant tout, la soumettre à un mode rationnel de mesure; et dès-lors l'EUPHORIMÉTRIE (εὐφορία, μέτρον), qui mesure la fertilité de la terre, devient une étude introductive à la science de l'agriculture.

Voyons donc par quels moyens la force productive du sol peut être mesurée (1).

1. Je le disais tout-à-l'heure, on ne peut mesurer la fertilité du sol qu'en prenant le type comparatif ou l'étalon de la mesure dans une matière qui soit douée elle-même d'une grande puissance de fertilisation; et il faut qu'elle soit transportable, susceptible d'être fractionnée arbitrairement, et qu'employée en quantité déterminée, elle produise un effet de végétation connu.

2. Le fumier réunira toutes ces conditions s'il est vrai qu'il soit éminemment producteur de fécondité, qu'on puisse en doser l'emploi, et que ses effets sur la végétation puissent être reconnus, appréciés et calculés.

3. D'abord, il est d'une évidence matérielle que le fumier est susceptible d'être employé en quantités variables et mesurées au volume ou au poids.

4. Sa propriété de fertilisation est démontrée par la pratique de tous les siècles et de tous les jours; elle peut l'être au besoin par des expériences spéciales et directes. Si on divise un champ

---

(1) Les nombres qui sont entre deux parenthèses indiquent à quel numéro se trouve la démonstration de la proposition que l'on rappelle. Les numéros sont au commencement des alinéas.

de 2 hectares en deux parties égales, sur l'une desquelles on répand 5, 10 ou 20 voitures de fumier sans en point donner à l'autre, et si on sème quelque plante que ce soit sur les deux moitiés en même temps, l'excédant substantiel du produit de l'hectare qui a été fumé, sur le produit de l'hectare qui ne l'a pas été, constate la vertu fertilisante du fumier, mieux encore qu'il n'est établi en géométrie que la ligne droite est la distance la plus courte d'un point à un autre.

5. Quant à la question de savoir s'il agit par ses sels ou par ses huiles, par son acide carbonique ou par son ammoniaque, par l'hydrogène ou par l'azote, on n'a point à s'en préoccuper ici : ce serait, dès le premier pas, sortir de la voie logique des faits pour s'égarer dans le labyrinthe des conjectures. Ces recherches appartiennent aux études de la chimie végétale : on ne doit admettre en Euphorimétrie que des faits positifs physiquement constatés, sans s'inquiéter d'en expliquer les causes.

6. Il s'agit, maintenant, de déterminer combien une quantité préfixe de fumier employée sur une superficie donnée de terrain, produira d'effet de végétation. Pour cela, on divise un champ de 4 hectares, à surface plane, dont le sol soit d'une consistance moyenne et homogène dans toute son étendue, en quatre parties égales de 1 hectare chacune, que nous désignerons par les nos 1, 2, 3, 4. Le no 1 ne reçoit point de fumier; on répand sur le no 2, le plus également possible, 10 voitures de fumier ordinaire à demi consommé, du poids de 1000 kilogrammes chacune; 20 voitures semblables sont répandues sur le no 3, et 30 voitures sur le no 4 : le tout est labouré et semé en blé le même jour. A la moisson, les produits des 4 hectares sont recueillis séparément, égrenés avec soin et mesurés.

Si le no 1, qui n'a point reçu de fumier, produit   7 hect. de blé;

Si le no 2, qui en a reçu 10 voitures, produit 10 hect. 50 lit. ;

Si le no 3, qui a reçu 20 voitures, produit. . . 14 hectolitres;

Et si le no 4, qui a reçu 30 voitures, produit. . 17 hect. 50 lit. ;

Il en résulte que chaque dizaine de voitures apporte à la récolte, qui, sans fumier, est de 7 hectolitres, une augmentation de 3 hectolitres 50 litres, et que par conséquent chaque voiture l'augmente de 0 hectolitre 35 litres.

7. Les observations multipliées qui ont été recueillies en Allemagne à ce sujet, constatent que tel est effectivement en moyenne l'effet de végétation que produit sur la récolte de blé 1 voiture de fumier ordinaire, du poids de 1000 kilogrammes, appliquée à une surface de 1 hectare; et nous devons adopter provisoirement ce fait comme positif, tant que des expériences directes, exécutées en France par des hommes voués au culte de la science, ne l'auront pas rectifié, si toutefois il est susceptible de l'être.

8. Des expériences absolument pareilles faites sur le seigle, l'orge et l'avoine semés sans fumier et avec des doses ainsi variées de fumier, et les observations nombreuses également recueillies en Allemagne à ce sujet, établissent que chaque voiture de fumier ordinaire, du poids de 1000 kilogrammes, répandue sur une surface de 1 hectare, augmente en moyenne

$$\begin{array}{lc} \text{la récolte de seigle, de} & 0^h,35^l \\ \text{la récolte d'orge, de} & 0^h,42^l \\ \text{la récolte d'avoine, de} & 0^h,58^l \end{array}$$

9. Ainsi, nous tiendrons pour constant, jusqu'à ce que d'autres bases aient été fournies par le mode d'expérimentation indiqué (6), que 1 voiture de fumier de 1000 kilogrammes appliquée à 1 hectare de terrain, produit, sur la récolte de blé, un effet de végétation de 0 hectolitre 35 litres; sur celle de seigle, de 0 hectolitre 35 litres; sur celle d'orge, de 0 hectolitre 42 litres; et sur celle d'avoine, de 0 hectolitre 58 litres.

10. C'est dans ces indications, qui sont données par la nature elle-même, qu'on trouve le type ou l'étalon de mesure de la fécondité des sols. On dresse, d'après ces bases, une échelle euphorimétrique montant de degré en degré, depuis 1° jusqu'à 100°. Le degré se fractionne en centièmes pour la plus grande précision des calculs. Chaque degré de cette échelle représentant 1° de fertilité, équivaut à l'effet de végétation que produit 1 voiture de fumier ordinaire, du poids de 1000 kilogrammes, sur une surface de 1 hectare; 10°, 20°, 25°, etc., équivalent à l'effet de végétation de 10 voitures, 20 voitures, 25 voitures, sur la même surface de 1 hectare. Or, l'effet de végétation de 1 voiture de fumier sur la production des diverses céréales est connu (8, 9) : donc la valeur ou la puissance de 1° de

fécondité se trouve également connue et déterminée. Ainsi, nous saurons que chaque degré de fécondité qui se trouve dans le sol produit par hectare 0 hectolitre 35 litres de blé, ou 0 hectolitre 35 litres de seigle, ou 0 hectolitre 42 litres d'orge, ou 0 hectolitre 58 litres d'avoine.

11. D'après ces premières données on voit que, le nombre des degrés de fécondité que renferme un sol étant connu, il est extrêmement facile de déterminer quelle quantité de l'une des céréales il fera naître par hectare; et réciproquement que, la quantité d'une céréale récoltée étant connue, on peut déterminer facilement le nombre de degrés de fécondité que renfermait le sol qui l'a produite.

12. En effet, lorsqu'on sait que la fécondité d'un sol s'élève à 45° par exemple, et qu'on veut connaître combien il produira de blé par hectare, on dira: Si 1° produit $0^h,35^l$ de blé, combien 45° en produiront-ils? ou, $1^\circ : 0^h 35^l :: 45^\circ : x = 45 \times 0,35 = 15^h,75^l$; donc le sol de 45° devra produire $15^h,75^l$ par hectare. Pour le seigle, on dirait : $1^\circ : 0^h,35^l :: 45^\circ : x = 45 \times 0,35 = 15^h 75^l$; Pour l'orge, on dirait : $1^\circ : 0^h,42^l :: 45^\circ : x = 45 \times 0,42 = 18^h 90^l$; Et pour l'avoine, on dirait : $1^\circ : 0^h,58^l :: 45^\circ : x = 45 \times 0,58 = 26^h 10^l$.

13. A l'inverse, lorsqu'on sait qu'une récolte de blé, par exemple, a produit 14 hectolitres par hectare, et qu'on veut connaître combien il y avait de degrés de fécondité dans le sol qui l'a fait naître, on dira: Si $0^h,35^l$ de blé sont l'effet de végétation de 1° de fécondité, combien 14 hectolitres récoltés indiquent-ils de degrés dans le sol? ou $0^h,35^l : 1^\circ :: 14^h : x = \frac{14}{0,35} = 40^\circ$: donc le sol possédait avant la récolte 40° de fécondité. Nous connaîtrons plus tard combien la récolte lui en enlève, et par conséquent combien il lui en reste.

Si les 14 hectolitres récoltés par hectare étaient du seigle, la formule serait la même et le résultat pareil, parce que 1° de fécondité ne produit pas plus de seigle que de blé, $0^h,35^l$ par hectare (10); mais nous verrons que le sol conserve plus de fécondité après le seigle qu'après le blé.

Pour 14 hectolitres d'orge récoltés par hectare, la formule serait : $0^h,42^l : 1^\circ :: 14^h : x = \frac{14}{0,42} = 33^\circ,33$: donc le sol contenait 33°,33 de fertilité.

Enfin, pour une récolte de 14 hectolitres d'avoine par hectare, la formule serait : $0^h,58^l : 1^o :: 14^h : x = \frac{14}{0,58} = 24^o,14$: donc la fécondité du sol était de $24^o,14$.

14. Ainsi, *règle générale* : pour déterminer, d'après la récolte d'une céréale, le nombre de degrés de fécondité qui se trouvaient dans le sol où elle a végété, il faut *diviser* la quantité récoltée sur 1 hectare par celle que produit 1° de fécondité sur la même surface (10);

Et réciproquement, pour déterminer, d'après le nombre de degrés de fécondité que l'on sait être dans le sol, quelle quantité il produira de l'une des céréales, il faut *multiplier* le nombre connu des degrés de fécondité que possède le sol, par la quantité de la même céréale que 1° de fécondité produit sur 1 hectare de surface (10).

15. On vient de voir qu'à l'aide du type de mesure que j'ai adopté, on peut aisément déterminer la quantité de blé, de seigle, d'orge ou d'avoine, qu'un nombre connu de degrés de fécondité fait produire par hectare ; mais on a besoin de savoir aussi ce que ces diverses céréales enlèvent à la fécondité du sol qui les a fait naître, ou, en d'autres termes, de quelle quotité chacune d'elles la diminue. Ici, on est obligé de recourir encore à l'enseignement positif des faits, et d'interroger de nouveau la nature.

16. Après la récolte de blé faite sur le champ d'expérience dont j'ai parlé (6), on sème au printemps de l'orge sans fumier dans les 4 hectares ; on récolte, on bat et on mesure séparément les produits des 4 numéros.

Si le n° 1, qui n'avait pas été fumé pour le blé, produit 5 hectolitres 4 litres d'orge ;

Si le n° 2, qui avait été fumé à 10 voitures pour le blé, produit 7 hectolitres 56 litres d'orge ;

Si le n° 3, qui avait été fumé à 20 voitures pour le blé, produit 10 hectolitres d'orge ;

Et si le n° 4, qui avait été fumé à 30 voitures pour le blé, produit 12 hectolitres 60 litres d'orge,

On devra en conclure que la fécondité que le fumier avait ajoutée au sol n'avait pas été toute consommée par le blé, et que ce dernier en avait laissé après lui une quotité quelconque qu'il s'agit de déterminer.

La fécondité de l'hectare n° 2 avait été augmentée de 10° par 10 voitures de fumier appliquées à la semaille du blé. Si celui-ci n'eût rien consommé de cette fécondité, la récolte d'orge qui lui a succédé aurait été aussi abondante que quand elle reçoit le fumier directement, et par conséquent elle aurait produit, pour 10° *entiers* de fécondité, 4 hectolitres 20 litres (12) de plus que celle venue dans le n° 1, qui n'a point reçu de fumier ; mais comme elle n'a dépassé cette dernière que de 2 hectolitres 52 litres, il s'ensuit que la différence, qui est de 1 hectolit. 68 litres, est imputable à la consommation de fécondité qui a été faite par la récolte de blé. Le blé a donc absorbé une quantité de 1,68 sur 4,20 ; or, 1,68 est à 4,20 comme 40 est à 100 : donc le blé absorbe 40 p. 0/0 de la fécondité du sol. Les produits en orge des n°s 3 et 4, qui avaient été fumés pour le blé, comparés à celui du n° 1 qui n'a pas été fumé, donnent absolument les mêmes résultats, qui ont été d'ailleurs constamment remarqués dans toutes les circonstances analogues, et qui pourraient être vérifiés tous les jours, et au besoin rectifiés par de nouvelles observations. Il faut donc admettre que l'action d'épuisement du blé est de 40 sur 100°.

17. Un champ de 2 hectares est divisé en deux parties égales. On répand sur l'une 10 voitures de fumier qui lui donnent 10° de fécondité de plus qu'à l'autre, et on sème du seigle sur le tout. Après le seigle, on sème de l'avoine dans les deux parties sans fumier. Si la récolte d'avoine venue après le seigle *fumé* donne 12 hectolitres 18 litres, celle venue après le seigle *non fumé* donnera seulement 8 hectolitres 12 litres ; si la première ne produit que 10 hectolitres 56 litres, la seconde ne produira que 6 hectolitres 50 litres : en un mot, il y aura toujours entre elles une différence de 4 hectolitres 6 litres par hectare, provenant de ce qui reste dans le sol des 10° de fécondité qui y avaient été ajoutés par les 10 voitures de fumier. Cependant, si ces 10° ou 10 voitures n'avaient pas subi la végétation du seigle, et si elles avaient été appliquées immédiatement à l'avoine, chacune d'elles en aurait augmenté le produit de 58 litres (10) ; ce qui, pour les

10 voitures ou 10°, aurait fait 5 hectolitres 80 litres, au lieu de 4 hectolitres 6 litres : la différence de 1ʰ,74ˡ sur 5ʰ,80ˡ ne peut être que le résultat de l'absorption du seigle ; il absorbe donc 1,74 sur 5,80. Or, 1,74 est à 5,80 comme 30 est à 100. Donc le seigle absorbe 30 p. 0/0 de la fécondité du sol.

18. En semant de l'avoine après de l'orge *fumée* et après de l'orge *non fumée*, et en comparant les deux récoltes d'avoine comme on vient de le faire pour celles recueillies après le blé fumé et le blé non fumé (16), ainsi qu'après le seigle fumé et le seigle non fumé (17), on acquiert la preuve que l'action absorbante de l'orge enlève 25 p. 0/0 à la fécondité du sol.

19. Enfin, des observations et des calculs absolument semblables faits sur du seigle ou de l'orge semé après de l'avoine *fumée* et après de l'avoine *non fumée*, démontrent que l'action d'épuisement de l'avoine est également de 25 p. 0/0.

20. Les rapports d'épuisement que je viens d'indiquer entre les diverses espèces de céréales ont été établis à la suite d'un très-grand nombre d'observations ; et quand il serait vrai que l'expérience ne les reproduirait pas toujours avec cette précision rigoureuse, ils n'en méritent pas moins d'être adoptés comme très-approximatifs de la vérité, et d'être employés avec confiance dans les calculs euphorimétriques, à qui ils fournissent des bases sûres pour comparer la valeur relative des assolements divers. Ainsi, on peut tenir pour constant que, sur un sol qui a 20°, une récolte de blé absorbe 8°, une récolte de seigle 6°, une récolte d'orge ou une récolte d'avoine 5°.

21. On sait déjà que 1° de fécondité produit par hectare ou 0 hectol. 35 litres de blé, ou 0 hectol. 35 litres de seigle, ou 0 hectol. 42 litres d'orge, ou 0 hectol. 58 litres d'avoine (16) ; on sait aussi que ces divers produits n'absorbent qu'une partie maintenant connue du degré de fécondité qui a servi à les former (16, 17, 18, 19). Dès-lors, il est facile de déterminer combien 1 degré entier absorbé produit de blé, ou de seigle, ou d'orge, ou d'avoine par hectare.

Pour le blé, on dira : Si les $\frac{40}{100}$ de 1° de fécondité produisent 0ʰ,35ˡ, combien le degré entier en produira-t-il ?

Ou 0°,40 : 0ʰ,35ˡ :: 1° : x = 0ʰ,875ᵈᵉᶜⁱ

En opérant d'une manière analogue sur les autres céréales, on obtient pour résultats que 1° de fécondité absorbé produit :

$$\text{En blé} \ldots\ldots\ldots\ldots \ 0^{\text{h}},875^{\text{décil.}}$$
$$\text{seigle} \ldots\ldots\ldots \ 1,167$$
$$\text{orge} \ldots\ldots\ldots \ 1,664$$
$$\text{avoine} \ldots\ldots \ 2,336$$

22. Ces notions acquises permettent de déterminer aussi combien 1 hectolitre de blé, de seigle, d'orge, ou d'avoine, récolté par hectare, a soustrait de fécondité au sol qui l'a produit.

On dira pour le blé : Si $0^{\text{h}},875^{\text{décil.}}$ absorbent 1°, combien 1^{h} en absorbe-t-il?

$$\text{ou } 0^{\text{h}},875^{\text{décil.}} : 1^{\circ} :: 1^{\text{h}} : x = 1^{\circ},143.$$

En suivant le même mode d'opération à l'égard des autres céréales, on trouve que la production

$$\text{de 1 hectolitre de blé absorbe } 1^{\circ},143$$
$$\text{— \quad de seigle — \quad } 0^{\circ},857$$
$$\text{— \quad d'orge \quad — \quad } 0^{\circ},600$$
$$\text{— \quad d'avoine — \quad } 0^{\circ},428$$

23. En marchant ainsi mathématiquement du connu à l'inconnu, on arrive à pouvoir préciser le nombre de degrés de fertilité qui se trouve dans un sol quelconque en culture, lorsqu'on connaît le produit de sa dernière récolte de céréale.

Supposons, en effet, qu'il s'agisse de mesurer la fertilité d'un sol qui a produit 20 hectolitres 40 litres d'avoine par hectare à la dernière récolte. On dira : Si 1 hectolitre d'avoine soustrait $0^{\circ},428$, combien 20 hectolitres 40 litres en ont-ils soustraits? — $8^{\circ},73$. Mais l'avoine n'absorbe que 25 p. 0/0 de la fécondité du sol (19); il faudra donc dire : Si 25° absorbés en supposent 100 dans le sol, combien $8^{\circ},73$ en supposent-ils? — 34,92. Or, la récolte en ayant enlevé 8,73, le sol possède encore $26^{\circ},19$.

On ferait le même genre de calculs à l'égard des autres céréales qui formeraient la dernière récolte.

24. Jusqu'à présent, je n'ai parlé que de la fécondité qui est ajoutée au sol par le fumier : c'est là que j'ai pris et dû prendre l'étalon de la mesure euphorimétrique, parce qu'en effet on peut doser le fumier à volonté en comptant le nombre des

voitures et en les pesant, et parce qu'ensuite on peut évaluer leur effet sur la végétation en mesurant les produits obtenus. On sait ainsi qu'en donnant 10 voitures ou 20 voitures de fumier à 1 hectare de terrain, on accroît sa fécondité de 10° ou 20°.

25. Mais il y a d'autres agents de fertilisation dont l'observation a constaté la puissance, tels que la *jachère*, les *légumineuses enfouies en fleur*, les *légumineuses fauchées en vert*, et le *pâturage*. Il est évident que la mesure euphorimétrique établie pour le fumier leur est également applicable : car, la fécondité étant mesurée par ses effets sur la végétation, il importe peu de quelle part elle provienne; elle est soumise à un mode uniforme d'évaluation; c'est le même instrument qui la mesure, et tout ce qui fait produire 0 hectolitre 35 litres de blé ou de seigle, ou 0 hectolitre 42 litres d'orge, ou 0 hectolitre 58 litres d'avoine par hectare, équivaut à l'effet de 1 voiture de fumier, et ajoute 1° à la fécondité du sol.

26. Dès la naissance de l'agriculture, l'expérience a fait connaître que la jachère relevait la force productive de la terre, usée par une succession trop répétée de céréales. L'état de stérilité dans lequel tombait le sol dont on avait exigé sans relâche des produits épuisants, forçait d'en abandonner la culture. On le labourait cependant pour détruire les mauvaises herbes qui y pullulaient; et quand plusieurs labours exécutés dans le cours de l'année semblaient l'avoir nettoyé, on lui confiait de nouvelles semences, et la récolte témoignait qu'il avait repris quelque fertilité. L'amélioration produite par cette espèce de repos était si évidente, que la pratique de la jachère devint une règle universellement suivie.

Lorsque plus tard on voulut calculer la valeur de ce moyen de fertilisation, on trouva que son intensité variait en proportion de la fécondité qui restait encore dans le sol, et que plus celui-ci avait conservé de force, plus la jachère lui était profitable. *Thaër,* le meilleur observateur connu en agriculture, pose ce fait en principe, et il détermine le rapport de cette proportion : « Il est hors de doute, dit-il, que la jachère attire les gaz fertili-

» sants de l'atmosphère, et la quantité de substance nutritive
» ainsi absorbée est d'autant plus grande, que le sol est moins
» épuisé. D'un autre côté, plus le sol est riche, plus il y croît de
» mauvaises herbes dont la putréfaction contribue aussi à son
» amélioration. » (*Principes raisonnés d'Agriculture*, § 256.)

27. L'usage général de la jachère a permis de faire de nombreuses observations sur la valeur de son action fertilisante.
Très-souvent il est arrivé que, par des convenances d'exploitation, on a semé une céréale de printemps dans la moitié d'un
champ dont l'autre moitié demeurait en jachère ; qu'ensuite on
a semé une céréale d'automne dans le champ entier, en cherchant à réparer avec du fumier l'épuisement causé par la céréale
de printemps à la partie du champ qu'elle avait occupée : en comparant les récoltes de la céréale d'automne faites dans les deux
moitiés du champ, on a pu estimer quelle avait été l'influence bonifiante de la jachère.

Par exemple, on savait, d'après la dernière récolte de céréale,
qu'un champ de 2 hectares contenait 36° (23) ; on a semé de
l'orge dans la moitié de ce champ ; l'autre moitié est restée en
jachère. La récolte d'orge ayant enlevé 25 p. 0/0 ou 9° de fécondité à l'hectare qui l'a produite (18), on répare cette perte par
9 voitures de fumier qui reportent sa fécondité à 36° ; l'autre
hectare qui a été en jachère ne reçoit pas de fumier, et on sème
du blé sur la totalité. Si la jachère n'avait rien ajouté à la fécondité du sol où elle a été pratiquée, il est évident que les récoltes
en blé des 2 hectares seraient égales, puisqu'on a rendu à l'un
d'eux par 9 voitures de fumier la fécondité qui lui avait été enlevée
par la récolte d'orge. Mais si l'hectare qui a été en jachère produit 2 hectolitres 10 litres de blé de plus que l'autre, il en résul-
tera que la jachère l'aura bonifié de 6° : car 2 hectolitres 10 litres de blé sont l'effet de végétation de 6° de fécondité (13). Il
aurait donc fallu donner 15 voitures de fumier, au lieu de 9, à
l'hectare qui avait produit de l'orge pour le remettre au niveau
de celui qui avait été en jachère. Ainsi, les résultats obtenus dans
cette hypothèse prouveraient qu'un sol de 36° gagne 6° par la
jachère.

Si une culture absolument pareille, exécutée sur un sol que

l'on sait être de 16°, établit que la jachère lui fait gagner seulement 4°; qu'à un autre sol de 26° la jachère ajoute 5°, etc., il faudra conclure de tous ces faits que la fécondité ajoutée au sol par la jachère devient plus forte de 1° quand celle que le sol possédait déjà se trouve plus élevée de 10°, ou qu'elle augmente de 0°,10 quand celle du sol est plus élevée de 1°.

C'est la proportion que *Thaër* indique d'après ses observations, et qu'il applique en ces termes à l'échelle euphorimétrique *idéale* qu'il avait adoptée : « Je conclus de ces considérations, que si le » terrain a 40° de fécondité, la jachère y ajoute 10°; que si cette » fécondité est de 50°, l'augmentation doit être de 11; si elle va à » 60, de 12, et ainsi de suite. » (*Ibid.*)

28. L'enfouissement des légumineuses en fleur n'est autre chose qu'une jachère perfectionnée ou à double effet : il est à la jachère simple, ce que le pâturage temporaire *semé* est au pâturage temporaire *naturel*. Dans la jachère simple, le sol ne profite que de la décomposition des plantes sauvages qui croissent spontanément à sa surface; ici on crée artificiellement des plantes succulentes pour l'enrichir par la décomposition de leurs débris; et comme cette production artificielle est d'autant plus abondante que le sol est déjà plus riche, il en résulte que ce genre de fertilisation a, de même que la jachère simple, une intensité d'effet proportionnée à la fécondité préexistante dans le sol.

Depuis très-long-temps on fait usage, en Italie, de ce moyen pour rétablir les sols épuisés, en y semant du lupin qu'on enterre en fleur avec la charrue. Il est pratiqué aussi dans le nord de l'Allemagne, où la spergule est semée et enterrée en fleur jusqu'à deux fois de suite dans le cours d'une jachère. Cependant nulle part on ne trouve une estimation *précise* de la bonification produite par cet engrais végétal, ou de la quantité de fécondité qu'il ajoute au sol. Des observations comparatives peu nombreuses faites sur des champs dont partie avait été en jachère fumée, et partie semée de vesces enfouies en fleur, m'autorisent à évaluer, au moins provisoirement, les effets de cette *surjachère* au double de ceux de la jachère simple.

29. Tout le monde connaît l'action améliorante du trèfle, de la

luzerne, du sainfoin, des vesces, et en général de toutes les légumineuses fauchées en vert; tout le monde sait aussi qu'elles ajoutent d'autant plus à la force productive du sol que leur végétation a été plus épaisse et plus vigoureuse : en d'autres termes, leur influence de bonification est d'autant plus puissante que le sol sur lequel elles ont végété était pourvu déjà d'une plus haute dose de fécondité. Il ne s'agit donc que de déterminer par le calcul le rapport de la fécondité qu'elles apportent dans le sol avec celle qu'elles y rencontrent.

30. Le trèfle, la luzerne et le sainfoin étant semés d'ordinaire avec une céréale et suivis d'une autre céréale semée sur leur défrichement, cette double circonstance fournit tous les éléments nécessaires à la solution du problème.

En effet : supposons qu'un trèfle ait été semé dans un blé dont la récolte a produit 14 hectolitres par hectare. Ce produit indique que le sol était à 40° (13); mais comme ces 14 hectolitres de blé ont absorbé 16° pour se produire (22), le sol n'avait plus que 24° de fécondité au moment où le trèfle en a pris possession. L'année suivante, le trèfle est renversé par la charrue et remplacé par un nouveau blé. Si le trèfle n'avait point redonné de fécondité au sol, la récolte du nouveau blé dans un sol de 24° ne produirait que 8 hectolitres 40 litres par hectare (12). Mais si elle produit 9 hectolitres 80 litres, cet excédant de 1 hectolitre 40 litres sera dû à la fécondité que le trèfle a reportée dans le sol. Or, pour produire 1 hectolitre 40 litres de blé, il faut 4° de fécondité (13); donc le trèfle ajouterait 4° à un sol qui en aurait déjà 24.

Maintenant, supposons que le blé dans lequel le trèfle a été semé ait donné 19 hectolitres 83 litres par hectare. Cette récolte, qui aurait absorbé 22°,66 pour se produire (22), en supposerait 56,66 dans le sol (13), et en laisserait par conséquent 34 au trèfle qui lui succède. Un nouveau blé remplace à son tour le trèfle: quel sera son produit? Il serait de 11 hectolitres 90 litres par hectare (12) dans le cas où le trèfle n'aurait pas amélioré le sol. Mais s'il s'élève à 14 hectolitres, ce surcroît de 2 hectolitres 10 litres, qui serait le fruit de 6° de fécondité de plus dans le sol, prouverait que le trèfle ajoute 6° au sol qui en possède 34.

Or, si on rapproche ces deux résultats, ainsi que d'autres du même genre que l'observation peut facilement recueillir, on voit que, le trèfle améliorant de 4° le sol qui a 24° et de 6° le sol qui a 34°, il améliorerait de 5° celui qui en aurait 29; que par conséquent son effet d'amélioration devient de 1° plus fort toutes les fois qu'il rencontre dans le sol où il végète 5° de fécondité de plus qu'il n'aurait trouvé dans un autre; ou qu'enfin cet effet est accru de 0°,20 par chaque degré de plus dans le sol. Ainsi, il ajouterait 1° seulement à celui qui n'en aurait que 9, tandis qu'il ajouterait 10° à celui qui en aurait déjà 54.

31. La même proportion existe à l'égard de l'amélioration produite par toutes les autres légumineuses coupées en vert. Elle est établie pour toutes dans la supposition du cas ordinaire où leur défrichement suit de près leur dernière coupe; mais on conçoit que si le trèfle, par exemple, avait été coupé assez tôt pour avoir eu le temps de recroître de 20 à 25 centimètres quand on le renverse à la charrue, la fécondité dont sa seule présence a doté le sol, se trouverait augmentée de celle résultant de l'enfouissement de sa pousse nouvelle.

32. L'amélioration du sol par le pâturage temporaire est aussi un fait dont la remarque remonte aux premiers âges de l'agriculture. Parmi les champs dont la culture était délaissée parce qu'ils étaient devenus improductifs à force d'avoir été soumis à l'action épuisante des céréales, il y en avait qu'on ne labourait point; et les mauvaises herbes qui les couvraient servaient à la pâture des bestiaux. Au bout de quelques années, ces pâturages naturels étaient défrichés et semés de nouveau en céréales dont les produits attestaient un retour notable de fertilité. L'art a perfectionné ce moyen naturel de fertilisation, en semant un mélange raisonné de graines d'herbes choisies pour former des pâturages temporaires à la fois plus nourrissants pour les bestiaux et plus fécondants pour le sol : car parmi les herbes qui croissent spontanément dans un sol dont on abandonne momentanément la culture, beaucoup sont annuelles et disparaissent; quelques-unes sont nuisibles au bétail; d'autres sont rebutées par lui; et celles s'accommodant de la nature et de la situation *hygromé-*

que du sol, qui pourraient former le fonds d'un bon pâturage, n'y existent d'abord qu'en petit nombre.

33. Les Allemands, et surtout les Anglais, qui donnent des soins extraordinaires à l'établissement des pâturages artificiels, ont remarqué qu'ils ne gagnaient en valeur et n'amélioraient le sol que pendant 4 ou 5 ans, au bout desquels l'amélioration demeurait stationnaire, si même elle ne déclinait pas. Ce fait pourrait être expliqué : mais ce n'est pas ici le lieu de le faire ; car, en euphorimétrie, il faut prendre les faits tels qu'ils existent, déduire les conséquences mathématiques qui en résultent, et s'abstenir de toute explication métaphysique et incertaine. Cherchons donc seulement le moyen de mesurer avec précision la fertilité que le pâturage, en lui supposant une durée de 4 ans, ramène annuellement dans le sol.

34. Quant à la fertilité que le pâturage *naturel* temporaire lui a fait recouvrer, il est facile de la déterminer. On connaît le produit par hectare de la dernière récolte de céréale faite au moment où la culture a été abandonnée, et par lui on calcule ce qui restait de fertilité dans le sol (23) : on connaît ensuite le produit de la première céréale ressemée sur le défrichement du pâturage, et par lui on peut évaluer en chiffres le nouvel état de fertilité. La différence constitue le gain total de la puissance productive récupérée, lequel, étant divisé par le nombre d'années pendant lesquelles le pâturage a subsisté, donne pour quotient le gain annuel.

35. La fécondité que le sol acquiert annuellement par le pâturage *semé* se mesure de la même manière. Par exemple : des graines d'herbages sont semées avec de l'avoine dont la récolte produit 4 hectolitres 24 litres par hectare, ce qui indique dans le sol une fécondité de 8° (13), qui est réduite à 6° par la récolte d'avoine (19). Le pâturage, après avoir subsisté 4 ans, est rompu et semé de nouveau en avoine. Si la récolte de cette avoine est de 8 hectolitres 12 litres par hectare, c'est que le sol possédait 14° de fécondité (13) : il aurait donc gagné 8° en quatre ans ou 2° par an ; et de là il résulterait que le pâturage semé ferait gagner annuellement 2° de fécondité à un sol qui n'a que 6°.

Autre exemple : Un pâturage artificiel est semé dans un autre sol avec du seigle qui produit 5 hectolitres 50 litres par hectare, indiquant une fécondité de 15°,72 (13) que la récolte de seigle a réduite à 11° (17). Après 4 ans de durée, le pâturage est défriché pour y semer une avoine. Si la récolte de celle-ci est de 13 hectolitres 34 litres par hectare, le sol contenait nécessairement 23° (13). Il aurait donc acquis 12° en 4 ans ou 3° par an; et de là on devrait conclure que le pâturage semé enrichirait de 3° par an un sol de 11°.

Le rapprochement de ces deux résultats établirait deux choses :

La première, que le pâturage ajoute à la fécondité du sol en proportion de celle qui s'y trouve déjà;

La seconde, que si l'amélioration qu'il opère varie de 1° sur des sols dont la fécondité diffère entre eux de 5°, la variation serait de 0°,20 quand leur fécondité ne différerait que de 1° : ce qui permet de graduer sur une échelle particulière, pour le *pâturage semé*, comme pour la *jachère* et les *légumineuses fauchées en vert*, le rapport qui existe entre la fécondité que le sol conserve encore et celle qui lui est ajoutée par ces divers agents de fertilisation. On trouvera ces échelles particulières à la fin du volume.

36. Toutefois, je dois signaler une particularité qu'on croit avoir remarquée sur l'action améliorante du pâturage semé : c'est que l'amélioration serait *relativement* plus grande dans les sols à basse fécondité que dans ceux d'une fécondité moyenne ou élevée. Ainsi, quand un sol a déjà 20 à 24°, il gagnerait moins *à proportion* que celui qui n'en a que 10 ou 12. Dans la table euphorimétrique que j'ai dressée de l'amélioration produite par le pâturage, je fais partir du 20e degré cette dépression de son pouvoir bonifiant, jusqu'à ce que des observations ultérieures indiquent avec plus de précision le véritable point où elle commence.

Je termine ici cet exposé sommaire. Il fait connaître le but de l'*Euphorimétrie*, ses moyens de recherches, la solidité de ses bases, son immense utilité pour la pratique de l'art agricole; et il justifie son droit au titre de science exacte, en montrant que ses principes se fondent sur des faits positifs dérivant des lois immuables de la nature. Cette nouvelle science a pour objet de mesurer la fertilité; et elle la mesure par ses effets matériels sur la végétation, comme la physique mesure la chaleur par ses effets apparents sur l'alcohol ou sur le mercure. Les règles qu'elle établit servent à la solution de toutes les questions agronomiques, à l'appréciation exacte de tous les assolements qu'elle anatomise, pour ainsi dire, et qu'elle réduit à leur juste valeur.

Sans doute, les faits physiques qui servent de base à ses déductions mathématiques pourront et devront être observés de nouveau. On a bien remesuré la circonférence du globe pour y prendre l'étalon du *mètre* : pourquoi ne chercherait-on pas, ce qui est bien plus facile et non moins utile, à déterminer avec la plus rigoureuse précision possible quel est l'effet de végétation de 1000 kilogrammes de fumier sur un hectare semé en blé, en seigle, en orge, en avoine?

En attendant que ces explorations nouvelles aient été faites en France par la voie d'expériences spéciales et directes, je propose des évaluations provisoires puisées en très-grande partie dans les observations patientes des excellents agriculteurs de l'Allemagne, de ce pays où l'agriculture a pris tant d'essor, parce qu'elle y est réellement protégée, encouragée, et placée au rang que son importance lui assigne parmi les autres industries. Elles doivent être acceptées avec confiance, parce qu'elles émanent d'hommes intelligents, dévoués à la science agricole, et cherchant la vérité sans aucune préoccupation de système.

Et quand il serait vrai que quelques-unes de ces évaluations sont ou un peu trop fortes ou un peu trop faibles; quand il serait vrai, par exemple, que 1000 kilogrammes de fumier sur 1 hectare, au lieu d'augmenter de 0 hectolitre 35 litres la récolte de blé, l'augmentent de 0 hectol. 40 litres, ou seulement de 0 hectol. 30 litres; j'irai même plus loin : quand il serait vrai que tout est hypothétique dans ces estimations, et qu'elles ne sont que des rapports *conventionnels* de quantités à quantités, elles seraient encore pour la science de l'euphorimétrie des instruments précieux de comparaison, dont les aberrations même considérables ne changeraient pas les dimensions des choses auxquelles elles sont appliquées, ni par conséquent l'exactitude de la comparaison qui en serait faite. Ainsi, quel que soit au juste l'effet de 1 voiture de fumier sur 1 hectare, elle en produit un quelconque; et cet effet sera toujours une fois plus grand dans 20 voitures que dans 10. Ainsi, des évaluations erronées pourraient indiquer que tel assolement doit produire 18 hectolitres de blé et tel autre 12 hectolitres, tandis qu'en réalité l'un en produira 15 et l'autre 10: tout ce qui résulterait de là, c'est que le chiffre indiqué pour les produits des deux assolements ne serait pas rigoureusement exact; mais le rapport du produit de l'un au produit de l'autre serait toujours fidèlement présenté, parce que ce rapport ne peut être altéré en rien, quand la même erreur agit à la fois sur les deux termes d'une proportion.

LETTRES
SUR L'EUPHORIMÉTRIE. [1]

PREMIÈRE LETTRE.

Monsieur,

J'ai soumis aux calculs de ma méthode euphorimétrique les trois assolements que vous m'avez proposé de comparer, et que vous indiquez dans les termes suivants :

PREMIER ASSOLEMENT.

1. Jachère fumée à 15 voitures de fumier par hectare.
2. Blé.
3. Trèfle.
4. Avoine.
5. Blé.
6. Avoine.

2e ASSOLEMENT.

1. Jachère fumée à 15 voitures par hectare.
2. Blé.
3. Avoine.
4. Trèfle.
5. Blé.
6. Avoine.

3e ASSOLEMENT.

1. Vesces fumées à 15 voitures par hectare, coupées en vert.
2. Blé.
3. Trèfle.
4. Blé.

---

(1) L'*Euphorimétrie* est l'art de mesurer la fécondité des terres.

Vous me donnez en fait que le terrain sur lequel sont pratiqués les deux premiers assolements, avait produit 45 doubles-décalitres par hectare à la dernière récolte, et que celui du troisième en avait produit 60. J'ai oublié de vous faire préciser quelle était l'espèce de céréale produite, mais je suppose que c'est de l'avoine.

Vous ne m'avez pas dit non plus si vous renouveliez la fumure dans le cours des six années que durent les deux premiers assolements; mais je suppose que ce renouvellement a lieu à la semaille du blé qui occupe le terrain la cinquième année : autrement, ces deux assolements seraient extrêmement défectueux, non-seulement par la pauvreté des deux dernières récoltes de céréales, mais encore par l'état d'épuisement dans lequel ils laisseraient le sol. Au surplus, pour le démontrer d'une manière complète, je vais opérer dans les deux hypothèses, celle où la fumure serait renouvelée, et celle où elle ne le serait point.

Cela posé, j'examine successivement les trois assolements.

PREMIER ASSOLEMENT.

Les 9 hectolitres d'avoine par hectare produits par la dernière récolte qui précède l'assolement, ont absorbé 3 degrés $\frac{86}{100}$ de fécondité, que j'exprime, comme toutes les autres indications qui vont suivre, par les signes 3°,86.

Or, la production de l'avoine absorbe 25 p. 0/0 de la fécondité que renferme le sol : dès-lors, celui-ci en contenait 15°,44.

En retranchant les 3°,86 absorbés, il en restait...... 11,58
Voilà l'état de fécondité du sol au début de l'assolement.
15 voitures de fumier par hectare ajoutent.......... 15
La jachère en donne................................. 5,05
                                                      ————
Ainsi, la fécondité totale est de.................... 31,63

Il est essentiel de faire remarquer que si le fumier, au lieu d'être appliqué au premier labour de jachère, comme on doit toujours le faire, n'était appliqué qu'au moment de la semaille, la jachère donnerait seulement 1°,52 de fécondité. Car l'application immédiate du fumier au premier labour de la jachère augmente la puissance d'absorption du sol de toute la fécondité qu'il lui apporte : c'est une force d'aspiration qu'il lui communique.

1. Nous disons donc que, par l'effet du fumier et de la jachère, la fécondité totale du sol se trouve portée à.... $31°,63$

2. La récolte de blé enlève 40 p. 0/0, c'est-à-dire $12°,65$ [qui produisent 11 hectolitres 7 litres de grains et 1860 kilogrammes de paille] (1), ci............................ 12,65

Il reste dans le sol........................ 18,98

3. Le trèfle ajoute.......................... 2,99

Total............. 21,97

4. La récolte d'avoine enlève 25 p. 0/0, c'est-à-dire $5°,49$ (qui produisent 12 hectolitres 82 litres de grain et 1000 kilog. de paille), ci............................. 5,49

Il reste dans le sol........................ 16,48

15 voitures de fumier ajoutent................ 15

Total............ 31,48

5. La récolte de blé enlève $12°,59$ (qui produisent 11 hectolitres 2 litres de grain et 1850 kilog. de paille), ci 12,59

Il reste dans le sol........................ 18,89

6. La récolte d'avoine enlève $4°,72$ (qui produisent 11 hectolitres 3 litres de grain et 860 kilog. de paille), ci.. 4,72

Il reste dans le sol........................ 14,17

Ainsi, à la fin de l'assolement, le sol est bonifié de... 2,59

(1) On entend par *produit* ce que la récolte a donné *au-delà de la semence*; car la reproduction de la semence ne se fait pas aux dépens de la fécondité du sol. Il y a, dans les substances accessoires qui enveloppent le germe de la semence, et qui se décomposent durant la végétation et la germination, à peu près la dose de sucs nourriciers suffisante pour la reproduire. Il est vraisemblable, dit Thaër (*Principes raisonnés d'Agriculture*), que la semence contient autant de sucs nourriciers qu'il en faut pour se reproduire une fois, indépendamment de tout secours de sucs étrangers; et ainsi, en augmentant jusqu'à une certaine limite la quantité de semence, on obtient un plus grand produit brut sans avoir un produit net plus élevé.

Mais si la fumure n'avait pas été renouvelée, les résultats seraient bien différents. Le sol, après la récolte d'avoine de la quatrième année, n'ayant plus que 16°,48, le blé de la cinquième année aurait absorbé 6°,59 produisant 5 hectolitres 77 litres de grain et 970 kilog. de paille, et il ne serait resté dans le sol que 9°,89. L'avoine de la sixième année aurait absorbé 2°,47 produisant 5 hectolitres 77 litres de grain et 565 kilog. de paille, et le sol n'aurait plus eu que 7°42,, c'est-à-dire 4°,16 de moins qu'au début de l'assolement.

2ᵉ ASSOLEMENT.

1. Cet assolement commence avec un sol dans le même état que le précédent, c'est-à-dire pourvu de 31°,63 de fécondité, ci. 31,63

2. La récolte de blé absorbe 12°,65 (produisant 11 hectolitres 7 litres de grain et 1860 kilog. de paille), ci. 12,65

Il reste dans le sol. 18,98

3. L'avoine qui suit absorbe 4°,75 (produisant 11 hectolitres 10 litres de grain et 865 kilog. de paille), ci. . . 4,75

Il reste dans le sol. 14,23

4. Le trèfle ajoute. 2,05
15 voitures de fumier ajoutent de plus. 15

Total. 31,28

5. Le blé absorbe 12°,51 (produisant 10 hectolitres 95 litres de grain et 1840 kilog. de paille), ci. 12,51

Il reste dans le sol. 18,77

6. L'avoine absorbe 4°,69 (produisant 10 hectolitres 96 litres de grain et 854 kilog. de paille), ci. 4,69

Il reste dans le sol. 14,08

Ainsi, à la fin de l'assolement, le sol se trouve bonifié de 2,50

Si la seconde fumure eût été supprimée, la récolte de blé

prise la cinquième année sur un sol qui n'aurait contenu que
16º,28 de fécondité, ci. 16,28
en aurait absorbé 6º,51 (produisant 5 hectolitres 70 li-
tres de grain et 958 kilog. de paille), ci. 6,51
____
Il serait resté dans le sol. 9,77

Et la récolte suivante d'avoine en aurait enlevé 2º,44
(produisant 5 hectolitres 70 litres de grain et 445 kilog.
de paille), ci. 2,44
____
En sorte qu'il ne serait resté dans le sol que. 7,33

Et par conséquent 4º,25 de moins qu'au commencement de la
rotation.

3ᵉ ASSOLEMENT.

Cet assolement est pratiqué sur un terrain qui a produit 12
hectolitres d'avoine par hectare, et qui, dès-lors, devait
contenir 20º,54 de fécondité, ci. 20,54
En déduisant les 25 p. 0/0 employés à produire l'a- _______
voine, il restait. 15,41
15 voitures de fumier ajoutent 15º, ci. 15
____
Total. 30,41

1. Les vesces fauchées en vert augmentent la fécondité
de. 5,29
____
Total. 35,70

2. La récolte de blé enlève 14º,28 (produisant 12 hectolitres 50 litres de grain et 2100 kilog. de paille), ci. . . . 14,28
____
Il reste dans le sol. 21,42
3. Le trèfle ajoute. 3,48
____
Total. 24,90

4. La récolte de blé enlève 9º,96 (produisant 8 hectolitres 72 litres de grain et 1465 kilog. de paille), ci. . . . 9,96
____
Il reste dans le sol. 14,94

Et par conséquent 0º,47 de fécondité de moins qu'au début de
la rotation.

Cette légère diminution de fécondité prouve que la quantité de fumier appliqué n'est pas tout-à-fait suffisante pour cet assolement : l'addition d'une seule voiture suffirait pour conserver l'équilibre. Mais, afin de rendre plus exacte la comparaison de cet assolement avec les deux précédents, supposons que le sol soit dans le même état de fécondité, et, au lieu de 16 voitures de fumier, portons la fumure à 20 voitures par hectare, ce qui correspond exactement aux 30 voitures appliquées en six ans aux deux assolements qui précèdent.

Alors nous prenons le sol avec la fécondité qui lui reste après la dernière récolte, et qui, au lieu de 15°,41, ne sera plus que de. . . . . 11°,58
20 voitures de fumier ajoutent. 20

Total. 31,58

1. Les vesces fauchées en vert augmentent la fécondité de. 5,52

Total. 57,10

2. La récolte de blé enlève 14°,84 (produisant 12 hectolitres 98 litres de grain et 2180 kilog. de paille), ci. . . 14,84

Il reste dans le sol. 22,26

3. Le trèfle ajoute. 3,65

Total. 25,91

4. La récolte de blé absorbe 10°,36 (produisant 9 hectolitres 6 litres de grain et 1520 kilog. de paille), ci. . . 10,36

Il reste dans le sol. 15,55
c'est-à-dire 3°,97 de plus qu'il n'en avait en commençant la rotation.

RÉCAPITULATION.

En récapitulant les résultats théoriques de ces trois assolements, on voit que le premier, de 6 ans, doit donner :

Avec renouvellement de fumure à la 4e année,	Sans renouvellement de fumure,
Blé, 22 hectolitres 9 litres ;	Blé, 16 hectolitres 84 litres ;
Avoine, 23 hectolitres 85 litres ;	Avoine, 18 hectolitres 59 litres ;
Paille, 5570 kilog.;	Paille, 4395 kilog.;
Foin, 2 coupes ;	Foin, 2 coupes ;
Bonification du sol, 2º,59.	Détérioration du sol, 4º,16.

Le 2e, également de 6 ans, donne :

Avec renouvellement de fumure à la 4e année,	Sans renouvellement de fumure,
Blé, 22 hectolitres 2 litres ;	Blé, 16 hectolitres 77 litres ;
Avoine, 22 hectolitres 6 litres ;	Avoine, 16 hectolitres 80 litres ;
Paille, 5419 kilog.;	Paille, 4128 kilog.;
Foin, 2 coupes ;	Foin, 2 coupes ;
Bonification du sol, 2º,50.	Détérioration du sol, 4º,25.

Le 3e, de 4 ans, donne :

Dans un sol meilleur, avec une seule fumure de 15 voitures par hectare,	Dans un sol moindre, avec une seule fumure de 20 voitures par hectare,
Blé, 21 hectolitres 22 litres ;	Blé, 22 hectolitres 4 litres ;
Paille, 3565 kilog.;	Paille, 3700 kilog.;
Foin, 3 coupes ;	Foin, 3 coupes ;
Détérioration du sol, 0º,47.	Bonification du sol, 3º,97.

Les tables euphorimétriques que je suis parvenu à composer (1) après deux années de travaux, de recherches, d'études, de calculs et d'observations, donnent l'immense avantage de pouvoir connaître d'avance d'une manière certaine quels seraient les résultats d'un assolement dont on s'exagère presque toujours les avantages lorsqu'on en conçoit le plan. Les chiffres ne sont pas

____

(1) Voyez à la fin du volume.

complaisants, et toutes les illusions tombent devant leur inflexibilité.

J'ai soumis à cette espèce de contrôle une quantité innombrable d'assolements divers, et ce travail, intéressant par lui-même, m'a désabusé de beaucoup de rêves brillants, et m'a préservé de tenter une foule d'essais qui auraient été infructueux. Avec le secours de ce système, qui est satisfaisant parce qu'il est positif et qu'il repose sur des principes fixes, j'ai recherché quels étaient les meilleurs assolements à suivre dans les diverses conditions d'un sol *pauvre*, d'un sol *médiocre*, et d'un sol *riche*; soit avec une fumure *faible*, une fumure *moyenne*, ou une fumure *abondante*. Il y a là, comme vous voyez, neuf combinaisons différentes qui exigent de grandes modifications dans l'assolement. Il n'est pas possible, en effet, de soumettre au même régime de culture le sol pauvre auquel on n'a que peu de fumier à consacrer, et le sol riche pour lequel on peut disposer d'une abondante quantité de fumier. Pour améliorer le premier et en tirer le meilleur parti possible, il faut l'établir en pâturage temporaire, et n'y prendre d'abord que des récoltes des céréales les moins épuisantes, comme l'avoine et le seigle : c'est ce que l'expérience a fait reconnaître depuis des siècles, et ce que l'euphorimétrie démontre d'une manière mathématique. Elle démontre en même temps quel est le mode le plus profitable de tirer du second les récoltes abondantes de fourrages et de blé qu'il est surtout susceptible de produire.

Ces études donnent une foule de résultats curieux, extrêmement utiles pour la pratique de l'art, en ce qu'ils ont toute l'évidence et toute la certitude de propositions géométriques, et en ce qu'ils confirment, modifient ou réfutent les assertions systématiques des agronomes enthousiastes.

Par exemple, on prouve que l'assolement triennal pur, tant décrié, pratiqué en blé et orge, est détériorant lorsqu'on ne peut appliquer à la jachère qu'une quantité de fumier inférieure à 16 voitures par hectare, mais qu'il devient profitable et même améliorant lorsqu'on peut y appliquer plus de vingt voitures.

On prouve aussi que l'assolement quadriennal tant vanté, qu'on appelle *assolement perfectionné*, est ruineux et détériorant lorsque la fumure donnée la première année, et qui doit durer quatre ans, n'est pas d'au moins 24 voitures par hectare, ce qui équivaut à 18 voitures qui seraient employées dans l'assolement triennal. Or, on établit par chiffres irrécusables qu'un hectare de terrain médiocre qui reçoit ainsi 72 voitures de fumier en 12 ans, s'il est soumis à l'assolement quadriennal, produira, dans les 12 années, seulement 31 hectolitres 38 litres de blé, 42 hectolitres 65 litres d'orge, 9450 kil. de paille, et ne se trouvera bonifié en fécondité que de 2º,44; tandis que, soumis à l'assolement triennal avec jachère, il produira 58 hectolitres 81 litres de blé, 42 hectolitres 5 litres d'orge, 13996 kil. de paille, et se trouvera bonifié de 3º,54. Il est vrai que le premier aura produit en outre quatre récoltes sarclées et quatre trèfles. Ces récoltes, déduction faite des frais, compensent-elles l'excédant du blé et de la paille produits par le second? C'est ce que je ne discuterai pas ici; je ne veux que constater un fait démontré : c'est que l'assolement triennal pur, pratiqué *avec des doses suffisantes de fumier*, est essentiellement producteur de grain et de paille, et c'est ce que tous les cultivateurs savent par instinct et par expérience.

On prouve encore par les calculs euphorimétriques que la manière la plus utile d'employer le fumier est de l'appliquer à la production des fourrages, même des pâturages, plutôt que de l'appliquer directement à la production des grains.

Enfin, on prouve que la voiture de fumier ordinaire, du poids d'environ 1000 kilogrammes, que j'ai adoptée pour *unité* dans le calcul de la fécondité, c'est-à-dire donnant un degré de fécondité à un hectare de terrain en l'appliquant à cette surface (1), renferme d'une manière absolue en éléments ou matière première de quoi produire :

> 0^h 875 décilitres de blé,
> 1^h 167 décilitres de seigle,
> 1^h 664 décilitres d'orge,
> 2^h 336 décilitres d'avoine;

(1) Si la voiture de fumier appliquée à 1 hectare de terrain lui apporte 1 degré de fécondité, la même voiture étendue sur l'ancien journal de Bourgogne de 34 ares 28 centiares accroît sa fécondité de 2º,92.

Ou en d'autres termes, qu'un degré de fécondité, absorbé par une récolte de céréales, produit ces quantités :

Mais qu'une récolte de blé n'absorbe que 40 p. 0/0

Une récolte de seigle. . . . . 30 p. 0/0 de la fécondité

Une récolte d'orge. . . . . 25 p. 0/0 totale du sol.

Et une récolte d'avoine, aussi. . . . . . . 25 p. 0/0

Le reste est retenu par le sol, qui ne le cède successivement que dans les mêmes proportions aux diverses céréales qui viennent à leur tour l'occuper.

De là on arrive, par un calcul simple, à établir la valeur intrinsèque relative de chacune des espèces de céréales, d'après la dose de fécondité qu'elles absorbent dans leur production; et à démontrer que si, par exemple, le blé vaut 20 fr. l'hectolitre,

> Le seigle devra valoir 15 fr.;
>
> L'orge,　——　10 fr. 50 c.;
>
> L'avoine,　——　7 fr. 50 c.;

proportion en effet remarquée dans les prix ordinaires de ces denrées ; et que dès-lors, si le prix de l'une de ces céréales vient à dépasser cette proportion, il y a avantage à la produire de préférence aux autres, parce qu'on tire ainsi un parti plus utile de la fécondité dépensée à la production.

Vous sentez parfaitement que les bornes d'une lettre ne me permettent que de vous donner une idée fort incomplète des innombrables avantages de l'euphorimétrie. J'en publierai quelque jour les principes et leur application à la pratique de l'art agricole. En vous en parlant aujourd'hui, je veux seulement vous faire comprendre combien cette science encore inconnue et seulement ébauchée en Allemagne, offre de facilité pour étudier, comparer et apprécier d'avance d'une manière exacte les résultats qu'on doit attendre de l'emploi de tel ou tel assolement dans telle circonstance donnée d'un sol riche ou pauvre, avec disposition de beaucoup ou de peu de fumier.

Je vais en citer un exemple : et, afin de le rendre plus concluant, je choisirai une position favorable à tous les genres d'assolements, c'est-à-dire un sol *médiocre*, ayant 16° de fécondité, assez de profondeur, un sous-sol perméable et sain, et je supposerai la disposition d'une très-abondante quantité de fumier.

Le meilleur assolement est, sans contredit, celui qui produit le plus de grain, le plus de paille, le plus de fourrage, qui exige le moins de labours et de frais de culture, et qui laisse le sol dans un état croissant de fécondité.

Prenons un hectare de terrain, en faveur duquel on peut disposer de 144 voitures de fumier dans le cours de 12 années, ce qui est la plus riche fumure que l'on puisse donner; et cherchons, pour les comparer, les résultats euphorimétriques de trois assolements divers pendant 12 années : 1° l'assolement triennal pur (4 rotations); 2° l'assolement quadriennal dit *perfectionné* (3 rotations); 3° l'assolement *rationnel,* c'est-à-dire celui que l'euphorimétrie indique comme le plus profitable, ou réunissant au plus haut degré tous les avantages précédemment signalés.

Je ne consignerai point ici tous les calculs : ce serait trop long; j'en présenterai seulement les résultats dans trois tableaux divers.

1ᵉʳ TABLEAU.

ASSOLEMENT TRIENNAL PUR.

		FÉCONDITÉ		
		AJOUTÉE.	ABSORBÉE.	RESTANTE.
	Fécondité actuelle....	»	»	16 degrés.
ANNÉES.	RÉCOLTES.			
1.	Jachère fumée (1) à 36 voitures.............	43,60	»	59,60
2.	Blé.................	»	23,84	35,76
3.	Orge................	»	8,94	26,82
4.	Jachère fumée à 36 voitures.............	44,68	»	71,50
5.	Blé.................	»	28,60	42,90
6.	Orge................	»	10,73	32,17
7.	Jachère fumée à 36 voitures.............	45,21	»	77,38
8.	Blé.................	»	30,95	46,43
9.	Orge................	»	11,51	34,92
10.	Jachère fumée à 36 voitures.............	45,49	»	80,41
11.	Blé.................	»	32,16	48,25
12.	Orge................	»	12,06	36,19

Bonification du sol...... 20,19

Total de la fécondité qui a été absorbée, 158°,79, savoir :

Par le blé, 115°,55, produisant 101 hectolitres

   11 litres, valant.................... 2022 f. 20 c. (2)

Par l'orge, 43°,24, produisant 71 hectolitres

   95 litres, valant.................... 755　47　(3)

Paille, 24205 kilogrammes, valant......... 726　15　(4)

Total en argent........ 3503　82

(1) Le fumier est supposé appliqué au premier labour de la jachère : s'il était appliqué au moment de la semaille du blé, le produit total en argent ne serait que de 3234 f. 75 c., et la bonification du sol de 17°,12.

(2) Au prix moyen de 20 fr. l'hectolitre.

(3) Au prix relatif de 10 fr. 50 c. l'hectolitre.

(4) Au prix moyen de 30 fr. les 1,000 kilogrammes.

2ᵉ TABLEAU.

ASSOLEMENT QUADRIENNAL.

		FÉCONDITÉ		
		AJOUTÉE.	ABSORBÉE.	RESTANTE.
Fécondité actuelle.....		»	»	16 degrés.
ANNÉES.	RÉCOLTES.			
1.	Pommes de terre fumées à 48 voitures, et sarclées	56,80	18,20	54,60
2.	Orge..................	»	13,65	40,95
3.	Trèfle................	7,38	»	48,33
4.	Blé..................	»	19,33	29
5.	Pommes de terre fumées à 48 voitures, et sarclées	58,10	21,78	65,32
6.	Orge..................	»	16,32	49
7.	Trèfle................	9	»	58
8.	Blé..................	»	23,20	34,80
9.	Pommes de terre fumées à 48 voitures, et sarclées	58,68	23,37	70,11
10.	Orge..................	»	17,53	52,58
11.	Trèfle...............	9,60	»	62,18
12.	Blé..................	»	24,87	37,31
	Bonification du sol....			21,31

Total de la fécondité qui a été absorbée, savoir :

Par le blé, 67°,40 , produisant 58 hectolitres
98 litres, valant. .... 1179 f. 60 c.

Par l'orge, 47°,50 ; produisant 79 hectolitres
4 litres, valant...................... 829 92

Paille, 17,630 kilogrammes, valant.......... 529 50

Total......... 2539 02

Si , au lieu de pommes de terre, les récoltes sarclées étaient des navets ou des betteraves, le produit total en grains et en paille serait de 2,772 fr. 62 c., et la bonification du sol de 25°,45.

3ᵉ TABLEAU.

ASSOLEMENT RATIONNEL.

| | | FÉCONDITÉ | | | |
		AJOUTÉE.	ABSORBÉE	TOTALE.	DISPONIBLE (1).
	Fécondité actuelle...	»	»	16°	16°
ANNÉES.	RÉCOLTES.				
1.	Luzerne semée et fumée à 72 voitures.	88°80	»	104,80	88
2, 3, 4, 5.	Luzerne fauchée. . .	67,20	»	172	104,80
6.	Blé.	»	41°92	130,08	79,68
7.	Blé.	»	31,87	98,21	64,61
8.	Blé.	»	25,84	72,37	55,57
9.	Vesces en vert fumées à 72 voitures.	96,71	»	169,08	169,08
10.	Blé.	»	67,63	101,45	101,45
11.	Blé.	»	40,58	60,87	60,87
12.	Blé.	»	24,35	36,52	36,52

Bonification du sol.... 20°52

Total de la fécondité absorbée

Par le blé, 232°,19, produisant 203 hectolitres

    67 litres, valant. . . . . 4073 f. 40 c.

Paille, 34216 kilogrammes, valant. 1026   48

                       Total en argent. 5099   88

(1) L'accroissement de fécondité produit par la luzerne se répartit à l'état de fécondité disponible ou propre à l'absorption, en autant d'années qu'il lui en a fallu pour se créer. Ainsi, cet accroissement de fécondité, qui est ici de 16°,80 par an, se distribue dans le sol en fractions annuelles de 16°,80. Il en est de même pour la fécondité produite par toutes les autres plantes à fourrage ou à pâturage temporaires, qui emploient à peu près autant d'années à se décomposer entièrement qu'elles en ont mis à se former. Ainsi, la différence qui existe entre les chiffres de la colonne de *fécondité totale* et ceux de la colonne de *fécondité disponible*, provient de ce qu'on ne porte dans cette dernière que la fécondité qui est alors en état d'être absorbée et d'agir comme principe de fertilité.

RÉCAPITULATION.

Valeur en argent du grain et de la paille produits
      Par l'assolement triennal. . . . . 3302 f. 82 c.
      Par l'assolement quadriennal. 2539   02
      Par l'assolement rationnel. 5099   88
Prééminence, sous ce rapport, de l'assolement rationnel
    Sur l'assolement triennal. . . . . 1596 f. 06 c.
    Sur l'assolement quadriennal. . 2560   86

Ainsi, l'assolement rationnel a sur l'assolement triennal, pour la seule production du grain et de la paille, un avantage estimatif de 1,596 francs 6 centimes en douze années, ou 133 francs par an pour chaque hectare, indépendamment de quatre récoltes de luzerne, et une récolte de vesces fauchées en vert, en tout au moins douze coupes.

Il a sur l'assolement quadriennal un avantage estimatif, pour la production du grain et de la paille, de 2,560 francs 86 centimes, ou 213 francs 40 centimes par an et par hectare; et personne ne contestera que ses quatre récoltes de luzerne, et sa récolte de vesces en vert, ne vaillent plus que les trois récoltes *casuelles* de trèfle et les trois récoltes *coûteuses* de racines ou légumes de l'assolement quadriennal.

Ce n'est pas tout : l'assolement rationnel ne nécessite dans le cours de douze années que huit labours et huit hersages.

L'assolement triennal exige au moins seize labours, et au moins huit hersages;

Et l'assolement quadriennal demande au moins neuf labours et autant de hersages, sans compter les sarclages des racines.

Vous comprenez parfaitement, sans que je le dise, que si des récoltes de blé se succèdent ici sans récolte intermédiaire, c'est qu'il y a dans le sol accumulation et pour ainsi dire surabondance de fécondité; mais que l'assolement rationnel procède tout autrement dans d'autres circonstances, par exemple quand il s'agit d'un sol pauvre, épuisé, et qu'on ne peut disposer que d'une petite quantité de fumier. Alors le but *principal* de l'assolement doit être d'accroître la fécondité du sol, tout en produisant dans une certaine période d'années plus de grain que n'en donnait l'assolement triennal ; et les calculs euphorimétriques prouvent manifestement que dans ce cas, comme *toujours*, le fumier doit être employé d'abord à produire ou des pâturages semés de quatre ans de durée, ou des fourrages à couper si l'état du sol et la dose de fumier disponible le permettent. Si notre correspondance se continue sur cet objet, je vous démontrerai dans une lettre prochaine l'immense avantage de cette pratique sur celle d'appliquer immédiatement le fumier aux récoltes de céréales.

Je sais tout ce qu'il y a de défavorable à venir étaler des applications d'un système avant de l'avoir exposé, d'en avoir expliqué, démontré et développé les principes ; mais, en vous transmettant les solutions que vous m'avez demandées sur vos trois assolements, je n'ai pu résister au désir de vous donner quelque idée des services que promet de rendre un art encore enfant, destiné à élever l'agriculture au rang des sciences exactes. J'ajouterai que les observations que j'ai faites dans la pratique m'ont donné des résultats tout-à-fait conformes aux indications fournies par les calculs de l'euphorimétrie.

On objecte que l'extrême inconstance des saisons déroute toutes les prévisions, et dément tous les calculs.

Il est très-vrai qu'une température défavorable de froid ou de sècheresse peut amoindrir la récolte prévue par la théorie, ou qu'un temps à la fois chaud et modérément humide peut l'augmenter au-delà des prévisions.

Mais remarquons d'abord qu'il s'agit principalement, pour la pratique, de comparer les produits qu'on doit attendre de tel régime de culture plutôt que de tel autre, et que les mêmes influences agissant nécessairement de la même manière sur les récoltes obtenues par les divers systèmes de culture, l'anomalie accidentelle des saisons ne peut infirmer en rien l'exactitude des résultats théoriques que l'on veut comparer.

D'un autre côté, il s'agit aussi, pour la pratique, de faire une étude, non des produits probables d'une seule année, mais des produits d'une série d'années. Or, l'acte de la végétation établit une sorte de lutte entre les plantes qui s'efforcent d'aspirer la fécondité par leurs racines, et le sol qui tend à la retenir. Si la sècheresse ou le froid secondent le sol, il ne se dessaisit pas de

toute la fécondité que les plantes eussent absorbée par une température normale, et la récolte en est diminuée d'autant. Si, au
contraire, une chaleur modérément humide favorise les plantes,
elles en aspirent davantage au profit de la récolte, qui s'en trouve
augmentée. Mais, dans tous les cas, la fécondité disponible qui,
par une cause quelconque, ne se transforme pas en produit, reste
dans le sol : l'absorption excessive qui s'opère dans une année
est compensée par l'absorption insuffisante qui a lieu dans une
autre; et ainsi, en définitive, les calculs de la théorie ne perdent
rien de leur précision, et les conséquences d'application qui en
découlent conservent toute leur justesse.

Ce qu'il y a de bien certain, c'est que les causes qui favorisent
la végétation sont aussi fréquentes que celles qui la contrarient.
Elle peut bien avoir à souffrir de l'inclémence des saisons pendant une ou même deux années; mais il survient enfin une année
de température chaude et humide qui développe la puissance
d'absorption des plantes; la récolte reprend alors en plus ce que
les mauvaises récoltes précédentes n'avaient pu absorber, et la
fécondité amassée, qu'une végétation languissante avait laissée
sans emploi, se convertit en grains.

Ainsi, quoi qu'il arrive, l'agriculteur qui verse dans son sol
50 voitures de fumier, par exemple, ou qui y ajoute cette dose
de fécondité à l'aide de tout autre moyen réparateur, peut dire
hardiment : « Je viens de mettre sur le métier des matériaux
pour confectionner en plusieurs années tout ce qui peut être
fabriqué en blé et en orge, ou en seigle et en avoine, avec 50° de
fécondité, c'est-à-dire pour confectionner 31 hectolitres 82 litres
de blé et 22 hectolitres 70 litres d'orge, ou 36 hectolitres 85
litres de seigle et 45 hectolitres 5 litres d'avoine, en plus de ce
que le sol était capable de produire avec ses seules ressources.
La nature va façonner ces matériaux. La température pourra
entraver quelquefois la marche de la machine, et il pourra en
résulter quelques irrégularités dans la fabrication annuelle;
mais ce n'est là qu'une question de temps, et il n'en est pas moins
certain que cette quantité de blé et d'orge ou de seigle et d'a-
voine sortira *entière* du sol où a été répandu et enfoui le fumier
destiné à la produire.

DEUXIÈME LETTRE.

Dans ma première lettre, j'ai pris l'engagement de démontrer le grand avantage qu'il y aurait à employer le fumier à la production des plantes à fourrage, et même des pâturages, plutôt que de l'appliquer directement aux récoltes de céréales. Cette proposition a bien plus d'importance qu'elle n'en montre au premier aspect, et j'y reviendrai à plusieurs reprises: car elle embrasse la grande question de savoir quelle est la manière la plus profitable d'employer le fumier, question aussi grave pour l'intérêt public que pour l'intérêt particulier des cultivateurs. On conçoit effectivement combien il y a de richesse au fond de ce problème, s'il est vrai, comme je n'en doute pas, que la même quantité de fumier mise en œuvre d'une manière plutôt que d'une autre, est capable de faire produire au même sol une fois plus de grain, tout en l'épuisant moins, et même en l'améliorant.

Mais avant d'entamer cette discussion, je sens qu'il est nécessaire, pour me faire mieux comprendre, de vous donner une idée plus nette de l'euphorimétrie.

Depuis que les hommes ont commencé à cultiver la terre, ils ont remarqué que les récoltes de céréales épuisaient sa fécondité, que le blé l'épuisait plus que le seigle, et le seigle plus que l'orge et l'avoine. L'analyse chimique a reconnu que la quantité de principes nutritifs que renfermaient ces diverses céréales com-

parées entre elles à égalité de volume, s'y trouvait *en poids*
dans les proportions suivantes :

> Pour le blé. . . . . 10 parties;
> Pour le seigle. 7,78;
> Pour l'orge. 5,04;
> Pour l'avoine. . . . . . .3,91.

Des observations multipliées, qu'on peut renouveler tous les
jours, et dont l'exactitude ne saurait être révoquée en doute,
ont constaté qu'en effet, pour produire un *volume égal* de blé,
de seigle, d'orge et d'avoine, l'absorption opérée sur la fécondité du sol était à peu près dans la proportion de 10 pour le blé,
de 7,50 pour le seigle, de 5,25 pour l'orge, et de 3,75 pour
l'avoine.

Cet *effet* d'absorption ne doit pas être confondu avec la *puissance* d'absorption, chose tout à fait différente; car, la *puissance*
d'absorption du blé sur la fécondité du sol étant représentée par
le nombre 10, celle du seigle est bien de 7,50; mais celle de
l'orge est de 6,25, et celle de l'avoine aussi de 6,25. Ainsi, une
récolte d'avoine soutire au sol autant de fécondité qu'une récolte
d'orge, parce que leur *puissance* d'absorption est semblable;
mais la même quantité de fécondité absorbée produit en volume
plus d'avoine que d'orge, parce que l'*effet* de l'absorption n'est
pas le même dans ces deux céréales : si elle produit 1 hectolitre
d'orge, elle aurait produit 1 hectolitre 40 litres d'avoine.

Maintenant, voici sur quels faits positifs ces observations ont
été recueillies.

On a très-souvent semé la même céréale dans la totalité d'un
champ dont une partie seulement avait reçu du fumier, et les
récoltes obtenues dans les deux parties ont été soigneusement
comparées entre elles. Ces expériences, répétées nombre de fois
dans des années d'une température ordinaire, ont fait connaître
avec précision de combien 1 voiture de fumier donnée à un hectare de terrain augmentait la récolte de blé, de seigle, d'orge ou
d'avoine. C'est ainsi qu'on est parvenu à savoir que 1 voiture de
fumier ordinaire du poids d'environ 1000 kilogrammes, qui, répandue sur un hectare de terrain, représente 1° de fécondité
dans l'échelle euphorimétrique que j'ai adoptée, augmentait en

moyenne la récolte de blé recueillie sur cette surface (1) d'environ. . . . . $0^h,35^{lit.}$

celle de seigle, d'environ. 0,35

celle d'orge, d'environ. . . . . 0,42 (416 décilitres)

celle d'avoine, d'environ. . . . . 0,58 (584 décilitres)

En semant de l'orge d'une part et de l'avoine de l'autre, tant après le *blé fumé* et le *blé non fumé* du même champ, qu'après le *seigle fumé* et le *seigle non fumé* aussi du même champ, on a constamment remarqué, 1° que l'*orge* semée après le blé qui avait été fumé à raison de 1 voiture par hectare, rendait environ 25 litres par hectare de plus que celle semée après le blé non fumé; 2° que, semée après le seigle fumé à 1 voiture par hectare, elle produisait environ 29 litres de plus que celle semée après le seigle non fumé; 3° que l'*avoine* semée après le blé fumé à 1 voiture par hectare, produisait environ 35 litres par hectare de plus que celle qui était semée après le blé non fumé; 4° et que, semée après le seigle qui avait été fumé à la même dose de 1 voiture par hectare, elle produisait de 40 à 42 litres de plus par hectare que quand elle était semée après le seigle non fumé.

Et en comparant entre eux ces divers résultats matériels, on est bien fondé à en tirer les conséquences suivantes :

1° Que le blé et le seigle donnent un volume égal de grain

(1) Comme 1 voiture de fumier appliquée à l'ancien journal de Bourgogne de 54 ares 28 centiares, y ajoute autant de fécondité que 2,92 voitures de fumier qui seraient répandues sur 1 hectare, à cause de la différence des surfaces, on pourrait croire que cette voiture de fumier donnée au journal de Bourgogne devrait augmenter la récolte de blé ou de seigle de 1 hectol. 2 lit.

celle d'orge de. . . . . 1 — 23

celle d'avoine de. . . . . 1 — 70

Ce serait une très-grave erreur.

L'augmentation de fécondité apportée au journal par l'application de 1 voiture de fumier est bien, en effet, de 2°,92; mais l'augmentation de produit en céréales résultant de ces 2°,92, ne s'y trouve qu'en égard à sa surface comparée à celle de l'hectare; en sorte qu'ici il faudrait dire : Si l'hectare qui aurait reçu 2,92 voitures de fumier produit de plus en blé ou en seigle 1 hectolitre 2 litres, en orge 1 hectolitre 23 litres, en avoine 1 hectolitre 70 litres, de combien seront ces augmentations de produits sur une surface de 0,5428 centiares? La solution de ces diverses propositions donne pour résultats que 1 voiture de fumier appliquée à un journal y augmente les récoltes de céréales de la même quantité que quand elle est appliquée à 1 hectare, quoiqu'elle accroisse la fécondité du journal de 1°,92 de plus qu'elle n'accroît celle de l'hectare.

dans le même sol; mais que néanmoins le premier l'épuise plus que le second, puisque l'orge et l'avoine produisent moins après le blé qu'après le seigle ;

2° Que la récolte de blé ou de seigle n'enlève qu'une partie appréciable de la fécondité existante dans le sol, puisque celle qui lui a été ajoutée par du fumier, manifeste encore son effet sur l'orge ou sur l'avoine qui suivent, par une augmentation de leurs produits;

3° Que la quotité de cette augmentation démontre évidemment que le blé absorbe 40 pour 0/0 et le seigle 30 pour 0/0 de la fécondité du sol : car, si 1 voiture de fumier appliquée directement à une semaille d'orge faite dans 1 hectare de terrain, en augmente la récolte de 42 litres, et si cette augmentation n'est plus que de 25 litres quand la voiture de fumier a été appliquée au blé qui a précédé, il faut nécessairement que celui-ci n'ait laissé que 60 pour 0/0 de la fécondité qui avait été introduite dans le sol par la voiture de fumier, et que par conséquent il en ait absorbé 40 pour 0/0, ce qui est démontré encore par la comparaison des produits de l'avoine dans les deux cas. De même, si les récoltes d'orge et d'avoine qui ont été fumées directement, sont augmentées de 42 litres et de 58 litres par chaque voiture de fumier donnée à l'hectare, tandis que cette augmentation n'est que de 29 litres d'orge ou de 40 litres d'avoine quand le fumier a été donné au seigle qui les a précédées, c'est parce que le seigle n'a laissé que 70 pour 0/0 de la fécondité qui avait été apportée au sol par le fumier, et qu'il a absorbé les 30 pour 0/0 qui ne s'y trouvent plus.

D'autres observations du même genre, qui ont été faites directement sur l'orge et sur l'avoine, ainsi que sur les récoltes qu'on leur faisait succéder, ont également prouvé qu'après une moisson d'orge levée dans la moitié d'un champ, le sol n'était pas plus épuisé qu'après une moisson d'avoine cueillie dans l'autre moitié du même champ, puisqu'on ne pouvait remarquer aucune différence dans les récoltes qui les suivaient, quoique l'avoine eût produit, par exemple, 35 hectolitres, et que l'orge n'eût donné, sur la même surface du même sol, que 25 hectolitres : d'où l'on a été fondé à conclure, 1° que l'orge n'épuisait pas plus le sol que l'avoine ; 2° mais que la même dose de fécondité absorbée pour produire 3 hectolitres 75 litres d'orge, produisait 5 hectolitres 25 litres d'avoine (1).

Enfin, en comparant entre eux les produits des céréales ressemées dans le même champ après du blé, du seigle, de l'orge et de l'avoine, on a constamment remarqué que l'effet de l'épuisement de l'orge et de l'avoine, qui est le même pour ces deux céréales, était de 3/8 inférieur à celui du blé, et de 1/6 inférieur à celui du seigle : d'où il suit que la force d'épuisement du blé étant représentée par le nombre 8, celle du seigle le sera par le nombre 6, celle de l'orge et de l'avoine par le nombre 5 ; et que, par conséquent, si, comme nous l'avons vu, le blé absorbe 40 p. 0/0 de la fécondité du sol, et le seigle 30 p. 0/0, l'orge et l'avoine absorbent 25 p. 0/0.

D'après toutes les notions qui précèdent, et d'après l'unité que j'ai adoptée pour base de mon échelle euphorimétrique, qui consiste à évaluer à 1 degré de fécondité l'effet de 1 voiture de fumier du poids d'environ 1,000 kilogrammes répandue sur une surface de 1 hectare, il est très-facile de déterminer la quantité de grains que produit 1° de fécondité absorbé par une récolte de céréales, et par suite, de connaître d'une manière exacte combien 1 hectolitre de chacune d'elles absorbe de degrés de fécondité pour sa production.

En effet, nous savons, par exemple, que 1 voiture de fumier donnée à 1 hectare de terrain, et qui y représente 1° de fécondité, augmente la récolte de blé de 35 litres. Nous savons aussi que cette récolte n'absorbe que 40 p. 0/0 de la fécondité du sol ; nous dirons donc : Si 0°,40 produisent 35 litres de blé, combien 1° en produit-il ? On opère de même pour les autres céréales, et on arrive ainsi à établir que 1° de fécondité, absorbé par une récolte de céréales, produit, outre la semence :

En blé.............. 0^h,875$^{décil.}$

En seigle........... 1,167

<hr>

(1) J'ai déjà signalé la coïncidence remarquable qui existe entre les quantités différentes de fécondité que les diverses céréales absorbent dans le sol pour se produire à même volume, et les quantités de principes nutritifs que la chimie a trouvés dans chacune d'elles.

En orge. . . . . 1,664 décil.
En avoine. 2,336

Par conséquent, la production de 1 hectolitre de blé (en sus de la semence) absorbe. 1,143

Celle de 1 hectolitre de seigle. 0,857
— de 1 hectolitre d'orge. 0,60
— de 1 hectolitre d'avoine. 0,428

Maintenant que l'on sait, d'une part, combien 1 hectolitre de chacune des céréales absorbe de degrés de fécondité pour sa production, et d'autre part, combien 1° de fécondité absorbé produit de litres et même de décilitres de chacune d'elles, on peut facilement trouver la quantité de degrés de fécondité que contient un sol quelconque. Pour cela, il suffit de savoir quelle quantité de grain il a donné par hectare à la dernière récolte de céréales qui y a été faite. Cette quantité est le point connu d'où l'on part pour rechercher la fécondité existante.

Supposons que la dernière récolte ait été de l'avoine, et qu'elle ait produit 21 hectolitres par hectare; on dira : Si 1 hectolitre d'avoine absorbe 0°,428, combien 21 hectolitres en ont-ils absorbé? On trouve qu'ils ont absorbé 8°,99 ou 9°. Mais comme ces 21 hectolitres n'ont absorbé que 25 p. 0/0 de la fécondité qui existait dans le sol, il faut multiplier par 100 les 9° absorbés, et diviser le produit par 25; ce qui donne 36° de fécondité totale dans le sol avant la récolte d'avoine qui a absorbé 9°, et qui, par conséquent, en a laissé 27 dans le sol.

Si la dernière récolte a été de l'orge, et a produit la même quantité de 21 hectolitres par hectare, on dira : Si 1 hectolitre d'orge absorbe 0°,60, combien 21 hectolitres en ont-ils absorbé? — 12°,60. Or, ces 21 hectolitres n'ayant non plus absorbé que 25 p. 0/0 de la fécondité totale du sol, il possédait 50°,40, dont il faut retrancher les 12°,60 enlevés par la récolte d'orge; en sorte qu'il reste dans le sol 37°,80.

Si la dernière récolte était en seigle, et avait produit aussi 21 hectolitres par hectare, on dirait : 1 hectolitre de seigle absorbant 0°,857, combien 21 hectolitres en ont-ils absorbé? — 18°. Or, les 21 hectolitres n'ont enlevé que 30 p. 0/0 de la fécondité totale, ou, ce qui revient au même, les 18° absorbés n'étaient que les 30/100 de la fécondité totale. Il faut donc multiplier par 100 les 18° absorbés, et diviser le produit par 30 : ce qui donne 60° de fécondité totale. Retranchant les 18° soutirés par le seigle, la fécondité restante est de 42°.

Enfin, si la dernière récolte était en blé, ayant donné également 21 hectolitres par hectare, on dirait : Si un hectolitre de blé absorbe 1°,143, combien 21 hectolitres en ont-ils absorbé? — 24°. Mais le blé absorbe 40 p. 0/0. Dès-lors, il faut multiplier ces 24° par 100, et diviser par 40 : produit, 60° pour la fécondité totale, qui s'est trouvée réduite à 36_0 après la récolte du blé.

Rien n'est donc plus aisé que de connaître l'état de fécondité dans lequel se trouve un sol qui vient de donner une récolte de céréales.

Poussons plus loin les applications de ce genre, afin de rendre leur usage familier. Nous venons de voir que le sol qui avait produit 21 hectolitres de blé par hectare devait contenir 60° de fécondité, et qu'il ne lui en restait plus que 36 après la récolte. Supposons qu'au blé l'on fasse succéder de l'orge, comme on le pratique dans l'assolement triennal, et qu'on mette 12 voitures de fumier par hectare en semant l'orge : ce sont 12° qu'on ajoute au sol, dont la fécondité sera portée à 48°; l'orge absorbant 25 p. 0/0, il faut multiplier 48 par 25, et diviser le produit par 100; ce qui donne 12° absorbés par la récolte d'orge, après laquelle la fécondité restante dans le sol sera toujours de 36°. Or, 1° de fécondité absorbé par une récolte d'orge produit 1 hectolitre 664 décilitres. Donc 12° absorbés produiront 20 hectolitres d'orge par hectare. S'il arrivait que l'orge fût semée sans fumier, ce qui est plus ordinaire, il n'y aurait dans le sol que les 36° de fécondité restant après la récolte du blé; l'orge en absorberait les 25/100, c'est-à-dire 9°; la fécondité restante ne serait plus que de 27°; et les 9° absorbés par la récolte d'orge produiraient 15 hectolitres par hectare, au lieu de 20 hectolitres. Ainsi, dans le cas particulier, les 12 voitures de fumier données à chaque hectare auraient fait produire au sol 5 hectolitres d'orge de plus, et lui auraient conservé les 36° de fécondité qu'il avait après la récolte de blé.

Autre exemple : un champ qui avait été ensemencé en seigle, a produit 12 hectolitres par hectare; on y sème de l'orge sans fumier, et l'on désire savoir d'avance quel sera le produit probable de l'orge. En opérant comme je viens de l'indiquer, on trouve que les 12 hectolitres de seigle ont absorbé $10°,28$ de fécondité, qui sont les 30 p. 0/0 de la fécondité totale que possédait le sol. Cette fécondité totale était donc de $34_0,28$; retranchant les $10°,28$ enlevés par le seigle, il est resté $24°$, dont l'orge enlèvera 25 p. 0/0, c'est-à-dire $6°$, qui produiront 10 hectolitres par hectare.

Si c'est de l'avoine qu'on fait succéder au seigle, les $9°$ qu'elle absorbera produiront 14 hectolitres par hectare.

Puisque le blé enlève au sol 40 p. 0/0 de sa fécondité, le seigle 30 p. 0/0, l'orge et l'avoine 25 p. 0/0, il est évident que des récoltes de céréales répétées dans le même sol l'amèneraient bientôt au dernier degré d'épuisement, dans quelque état de fertilité qu'il se trouve, à moins qu'on ne lui restitue la fécondité qu'il a dépensée à leur production.

Les principaux moyens de rendre au sol la fécondité que lui ont enlevée les récoltes de céréales, sont au nombre de cinq : le *fumier*, la *jachère*, les *légumineuses coupées en vert*, les *légumineuses enterrées en fleur*, le *pâturage*; et c'est l'évaluation précise des quantités de fécondité enlevées et restituées qui constitue la science de l'euphorimétrie. Faisons un examen rapide de ces divers agents de fécondité.

1° *Fumier*. — Au premier rang des moyens qui réparent la fécondité perdue, il faut placer l'emploi du fumier. Un hectare d'un sol qui contient $50°$ de fécondité produira 17 hectolitres de blé (1); mais cette production lui aura enlevé 40 p. 0/0 de sa fécondité, c'est-à-dire $20°$: il faudrait donc 20 voitures de fumier pour réparer cette déperdition et le remettre en état de produire une récolte de blé pareille.

Ce n'est pas que l'effet du fumier soit absolument uniforme sur toutes les espèces de sols : il est certain, au contraire, qu'il communique plus de fécondité à ceux qui ont plus d'aptitude à

(1) Je répète pour la dernière fois que c'est toujours en sus de la semence.

s'approprier ses sucs fertilisants et à se les incorporer, propriété que quelques agronomes désignent sous le nom de *puissance de fécondité*, et qui n'est autre chose qu'une disposition physique particulière qui rend ces sols propres à être pénétrés facilement par l'eau, et néanmoins à en absorber et retenir une assez grande quantité avant de la laisser écouler. La dose de fécondité que 1 voiture de fumier apporte à 1 hectare de terrain, pourrait être graduée entre les limites de $0°,50$ à $1°,50$; le terme moyen est $1°$: c'est celui auquel je me suis fixé, parce qu'il est en effet le plus ordinaire, et qu'il suffit à la précision des calculs de comparaison. Les deux extrêmes sont infiniment rares : le premier ne se présente que dans un sable pur d'où les sucs solubles du fumier s'échappent sans le pénétrer; le second se rencontre dans un terreau spongieux qui filtre ces mêmes sucs d'une manière assez complète pour n'en laisser écouler que l'eau pure surabondante qui les tenait en dissolution. Il n'est pas même nécessaire, pour ces sols exceptionnels, de changer la valeur de la voiture de fumier prise pour *unité* de mesure euphorimétrique : il suffit d'en augmenter ou d'en diminuer le volume d'une quantité telle qu'elle produise toujours sur un hectare une augmentation de 35 litres de blé. Ainsi, le fumier est susceptible de produire plus ou moins d'effet suivant la nature du terrain auquel il est appliqué; mais cette intensité relative d'action, que chaque agriculteur doit sans doute prendre en considération dans sa localité particulière, dépend plutôt de la constitution physique du sol que de la fécondité qui déjà y existait; tandis que, comme nous le verrons bientôt, la *jachère*, les *légumineuses coupées en vert* ou *enfouies*, et le *pâturage*, accroissent la fécondité du sol en proportion seulement de celle qui s'y trouve déjà.

Le fumier est l'agent le plus puissant de la fécondité : il donne de l'énergie à tous les autres; avec lui, tout est possible en agriculture; sans lui, tout languit, tout est paralysé. On peut l'accumuler dans le sol en telle quantité qu'on désire, et il y agit promptement; les autres s'y produisent d'eux-mêmes avec plus de lenteur et dans une mesure limitée. Employé à haute dose, il rétablit à l'instant même les sols les plus épuisés; répandu à dose plus modérée, il développe les autres agents de fertilisation et ajoute à leur effet.

Les agriculteurs auront beau remuer le sol avec des instruments perfectionnés, varier les récoltes qui se succèdent, s'ingénier à trouver des assolements combinés avec art : qu'ils soient bien convaincus que les directions les plus savantes de la théorie n'auront point de véritables succès si elles emploient des quantités insuffisantes de fumier, et si surtout elles ne donnent pas les moyens d'en confectionner de grandes masses : car le fumier est la matière première que l'agriculture met en œuvre pour fabriquer ses produits : il est à la fabrication du grain ce que la fonte est à la fabrication du fer, ce que les chiffons sont à la fabrication du papier, ce que la feuille de mûrier est à la fabrication de la soie.

Telle est, en effet, l'agriculture considérée sous le point de vue d'une entreprise industrielle. Toutefois, une carrière assez belle encore reste ouverte à la science de l'agriculteur : c'est la direction intelligente de toutes les forces productrices de la nature qu'il met à contribution. Ainsi, les forces digestives des bestiaux transforment les fourrages en fumier; mais des produits accessoires de viande, de laine, de lait, etc., sont créés dans ce travail : il dira quels sont les plus profitables dans les diverses circonstances. Les forces chimiques du sol convertissent le fumier en fécondité : il trouvera quels sont les moyens d'accroître les effets de cette élaboration. Enfin, les forces assimilatrices de la végétation transforment la fécondité en produits. Ces produits diffèrent d'abondance, de valeur, d'action sur le sol; ils le dépouillent plus ou moins de sa fécondité, ou ils lui en rendent plus qu'ils ne lui en ont emprunté : il enseignera quels sont ceux dont la fabrication doit être préférée pour les besoins du présent et pour les intérêts de l'avenir.

Assurément ce sont là des objets intéressants de recherches pour la science agricole, et bientôt nous verrons notamment tout ce qu'il y a d'importance pour la pratique dans l'art de convertir le fumier en fécondité.

2° *Jachère.* — La jachère, tant calomniée par les agronomes du 19ᵉ siècle, est aussi un moyen de réparation de la fécondité enlevée par les céréales, et c'est bien à tort qu'on lui a contesté si souvent cette propriété. Elle enfouit et met en décomposition le chaume, les racines et le gazon des plantes parasites ; elle permet aux molécules divisées de la terre d'aspirer les gaz fertilisants qui flottent dans l'atmosphère. Mais cette décomposition d'une part, et cette force d'aspiration de l'autre, sont nécessairement proportionnées à la quantité de fécondité préexistante dans le sol, qui produit plus ou moins de végétaux à décomposer, et qui jouit d'une plus ou moins grande puissance d'affinité avec les gaz atmosphériques, selon qu'il possède déjà plus ou moins de fécondité.

Ce sont encore les observations comparatives que des esprits attentifs ont eu tant de fois l'occasion de faire, qui ont fourni des notions certaines sur les effets de la jachère.

Il n'y a pas un cultivateur qui ne sache qu'en cultivant des céréales sans interruption et sans fumier dans le sol le plus riche, eût-il 120° de fécondité, on le réduirait en peu d'années à un épuisement complet. L'euphorimétrie démontre que si c'était du blé que l'on y cultivât ainsi sans relâche, au bout de 10 ans, les 120° seraient réduits à 0°,97. Si l'on y cultivait alternativement du blé et de l'orge, au bout de 15 ans, il resterait seulement 0°,60.

Cependant il existe dans nos pays de montagne des étendues assez considérables de terre provenant d'anciens défrichements de bois, et qui ont dû posséder, dans l'origine, une haute dose de fécondité. Soumises à l'assolement triennal, elles reçoivent tous les trois ans une jachère morte, mais jamais de fumier. La fécondité qui leur reste après chaque récolte d'avoine, est d'environ 5°, sans plus descendre au-delà : leur produit moyen est de 2 hectolitres de seigle et 2 hectolitres 34 litres d'avoine par hectare. Qui donc les préserve d'un épuisement total, si ce n'est la jachère, qui, tous les trois ans, leur apporte 2°,70 de fécondité ? Et soyez sûr que si les barbares qui les cultivent ainsi se résignent à n'y rien prendre une année sur trois, c'est qu'ils savent bien que, sans cet indispensable répit, ils n'en obtiendraient plus rien.

C'est donc nier l'évidence même, que de prétendre que la jachère n'ajoute rien à la fécondité. Son usage antique et long-temps universel, apparemment fondé sur une utilité reconnue, suffirait seul pour démentir cette assertion. Ainsi, la jachère ajoute à la fécondité : mais combien y ajoute-t-elle? C'est ce qu'il s'agissait de déterminer.

Du moment que l'on pouvait, à l'aide des règles précédemment indiquées, connaître avec certitude quelle était la fécondité d'un sol, il était aisé, pour des esprits positifs et calculateurs, de mesurer d'une manière exacte le nombre de degrés de fécondité que la jachère y ajoutait : il suffisait de comparer les produits de deux champs ou deux moitiés du même champ ayant eu la même fécondité, la même quantité de fumier, ensemencés de la même céréale, mais dont l'un avait joui du bénéfice de la jachère, tandis que l'autre en avait été privé.

Par exemple, un champ qui possédait 16° de fécondité est divisé au printemps en deux parties égales, dont l'une est mise en jachère et l'autre semée en avoine. L'automne suivant, les deux parties sont ensemencées en blé, après avoir reçu chacune 15 voitures de fumier par hectare. La moitié qui a été cultivée en avoine pendant que l'autre était en jachère, avait perdu 25 pour 0/0 de ses 16° de fécondité, dont elle ne conservait plus que 12° quand on lui a donné 15 voitures de fumier par hectare, qui ont reporté sa fécondité à 27°; elle produit 9 hectolitres 45 litres de blé par hectare. L'autre moitié, qui avait également 16° lorsqu'on l'a mise en jachère, et qui a reçu aussi 15 voitures de fumier, n'aurait produit que 10 hectolitres 85 litres par hectare si la jachère n'eût rien ajouté à sa fécondité ; mais elle produit 12 hectolitres 25 litres, c'est-à-dire 1 hectolitre 40 litres de plus; or cette production supplémentaire de 1 hectolitre 4 litres de blé par hectare suppose 4° de fécondité de plus dans le sol : donc la jachère lui avait apporté un surcroît de fécondité de 4 degrés.

Ces observations et ces expériences, qui ont été renouvelées dans une foule de circonstances différentes, ont toujours donné pour résultat que l'addition de fécondité résultant de la jachère, qui est de 1°,50 pour un sol ayant 1° de fécondité, augmentait de 1° à mesure que la fécondité préexistante dans le sol augmentait elle-même de 10° : de telle sorte que,

Le sol ayant   6° gagnait par la jachère 3°
   —   7   —   3,10
   —   11   —   3,50
   —   16   —   4
   —   26   —   5
   —   36   —   6, etc. , etc. , etc.

C'est d'après ces bases, fournies par maintes et maintes observations concordantes, qu'a été dressée la table euphorimétrique de la jachère.

3° *Légumineuses coupées en vert.* — Les vesces, le trèfle, le sainfoin, la luzerne, et autres légumineuses, coupées en vert, sont encore un moyen de rétablir la fécondité, soit par l'absorption et l'incorporation dans le sol des gaz fertilisants qui émanent de leur végétation, soit par la chute et la décomposition d'une partie de leurs feuilles succulentes et de leurs racines. On sent parfaitement que ce mode de fertilisation, de quelque manière qu'il opère, doit être subordonné dans ses effets à la vigueur de la végétation des légumineuses, et par conséquent aussi à la fécondité préexistante du sol. Ici encore, c'est par l'observation répétée des faits qu'on a connu avec précision la quotité de l'amélioration produite, et ces observations ont pu se faire avec d'autant plus de facilité, que le trèfle, le sainfoin et la luzerne sont presque toujours semés dans une céréale dont le produit indique l'état de fécondité du sol, puis remplacés par une autre céréale dont le nouveau produit constate aussi la fécondité qu'ils y ont ajoutée.

Du rapprochement d'un grand nombre de résultats recueillis, on a pu conclure avec certitude que les légumineuses coupées en vert augmentent la fécondité de 1° à mesure que la fécondité du sol s'élève de 5°.

Ainsi, un sol ayant 6°,50 gagne ar an 0°,50
   —   7   —   0,60
   —   8   —   0,80
   —   9   —   1
   —   14   —   2
   —   19   —   3
   —   24   —   4
   —   34   —   6, etc., etc.

Supposons qu'un sol ayant 40 degrés de fécondité soit ensemencé en blé dans lequel on sème du trèfle au printemps. La récolte de blé enlevant 40 pour 0/0 ou 16°, il en reste 24; le trèfle en ajoute 4; total 28. Le blé qui lui succède absorbe 11°,20, produisant 9 hectolitres 80 litres, et il reste 16°,80. Si, au lieu de semer le trèfle dans le blé, on sème de l'orge après celui-ci, et le trèfle dans l'orge, qu'arrivera-t-il? L'orge enlevant 25 pour 0/0 des 24° laissés par le blé, il reste 18°; le trèfle ajoute 2°,80, ce qui porte la fécondité à 20°,80; le blé semé sur le trèfle rompu absorbe 8°,32 produisant 7 hectolitres 28 litres, et il reste 12°,48 de fécondité dans le sol. Enfin, si on ne sème de trèfle ni dans le blé ni dans l'orge, mais qu'après l'orge on donne une jachère fumée à 16 voitures par hectare, et qu'ensuite on sème du blé, quelles seront les conséquences? Les 18° restant après l'orge seront portés à 34° par l'addition des 16 voitures de fumier; la jachère ajoutera 5°,80 : total, 39°,80, dont le blé absorbera 15°,92 produisant 13 hectolitres 93 litres, et il restera dans le sol 23°,88.

Ces résultats divers prouvent une chose dont les agronomes ont souvent parlé sans en donner d'explication satisfaisante : c'est que le trèfle est mal placé dans la céréale de printemps de l'assolement triennal, et que son effet est bien inférieur à celui d'une jachère fumée, tant qu'il n'est pas cultivé dans un sol d'une très-haute fécondité.

4° *Légumineuses enfouies.* — Les légumineuses enfouies dans le sol au moment où elles entrent en fleur, sont surtout une ressource puissante de restauration, mais proportionnée aussi, on le comprend assez, à la fécondité déjà existante dans le sol. L'effet de ce mode de fertilisation, qui a pu être souvent étudié sur des récoltes de blé venant dans des champs dont partie avait été en jachère et partie en vesces enterrées à la semaille du blé, a été reconnu valoir le double de la jachère. Ainsi, le sol qui a 6° de fécondité, en reçoit une augmentation de 6°; celui qui a 36°, reçoit une augmentation de 12°.

De là il suit que si la moitié d'un champ ayant 16° de fécondité est mise en jachère après avoir reçu 10 voitures de fumier par hectare; que l'autre moitié, après avoir reçu la même fu-

mure, soit ensemencée en vesces ou en fèves enterrées en fleur,
et qu'ensuite on sème du blé dans la totalité du champ, la partie
qui a été en jachère aura 31°, dont 12°,40, absorbés par le blé,
produiront 10 hectolitres 85 litres par hectare, et il restera
18°,60 dans le sol. L'autre moitié, où il y a eu des vesces retour-
nées, contiendra 36°, dont le blé absorbera 14°,40, produisant
12 hectolitres 60 litres par hectare, et il restera dans le sol
21°,60.

5° *Pâturage semé.* — Le pâturage semé et temporaire, hum-
ble ressource des sols pauvres, mérite d'occuper le premier
rang peut-être parmi les moyens à mettre en usage pour rendre
au sol la fécondité qu'il a perdue, ou pour lui donner celle qu'il
n'a jamais eue. Ce qu'il y a de sûr, c'est qu'il aide au rétablisse-
ment d'un sol épuisé, beaucoup mieux que les légumineuses fauchées : car il résulte des observations de fait qui ont servi de
base à la table euphorimétrique du pâturage semé, qu'un sol de
9° de fécondité, par exemple, qui serait ensemencé de trèfle ou
de sainfoin à faucher, ne gagnerait que 1° par an, tandis qu'un
pâturage bien établi dans le même sol et sagement consommé
lui fait gagner 2°,60 par année.

Une chose qui est évidente avant même d'être démontrée,
c'est que le pâturage doit enrichir d'autant plus le sol, que celui-ci est déjà plus riche par lui-même. Il est manifeste, en effet, qu'un bon pâturage venu dans un bon sol l'améliorera
davantage par la décomposition d'une plus grande masse de gazon qu'il aura fait naître, et par les déjections d'un plus grand
nombre de bestiaux qu'il aura nourris, qu'un pâturage maigre
n'améliorera le sol misérable sur lequel il aura végété, et qui
n'y aura permis que le rare séjour de quelques têtes de bétail.

Il a été aussi facile de mesurer l'accroissement de fécondité
provenant du pâturage semé, que celui obtenu des légumineuses
à faucher. Comme le pâturage est communément semé dans une
céréale dont le produit fait connaître la fécondité qui existait
dans le sol, et comme, en le rompant, il est remplacé par une
nouvelle céréale dont le produit indique aussi toute la fécondité
actuelle du sol, rien n'a été plus aisé que d'évaluer avec précision
la dose que le pâturage y ajoutait.

Les observations les plus exactes ont établi qu'on pâturage semé dans un sol ayant 6° de fécondité, le bonifie de 1° par an, et que cette amélioration annuelle accroît de 1° de plus quand la fécondité du sol se trouve être de 5° de plus ; mais elles ont révélé une anomalie singulière : c'est que si la fécondité préexistante dans le sol dépasse 16°, l'amélioration résultant du pâturage n'est augmentée de 1° de plus par an qu'autant que le sol possède lui-même 10° de plus, c'est-à-dire que

un sol de 3° gagne annuellement 1,50
—	6	—	2
—	11	—	3
—	16	—	4
—	26	—	5
—	36	—	6, etc., etc.

Du rapprochement de ces résultats avec ceux qu'on obtient des légumineuses à faucher, il résulterait cette conséquence remarquable, qui doit être mise à profit par la pratique : c'est que, dans les sols de basse fécondité, le pâturage, comme moyen d'amélioration, l'emporte beaucoup sur les légumineuses à faucher, mais qu'il perd sa supériorité sous ce rapport quand le sol a une fécondité de 30° et au-dessus.

Telles sont, en substance, les règles de l'euphorimétrie et les bases solides sur lesquelles ces règles sont assises ; tels sont aussi les rapports proportionnels entre la fécondité qui existe dans le sol et celle qui y est apportée par les divers agents de fertilisation. Les tables euphorimétriques, que maintenant vous pourriez vous-même dresser d'après les explications dans lesquelles je suis entré, ne sont qu'une nomenclature plus graduelle et plus détaillée de ces mêmes proportions, et rien autre chose.

Ces notions étaient indispensables pour nous entendre mieux à l'avenir, et pour rendre intelligible la démonstration de cette proposition fondamentale en agriculture, que le *fumier, pour être le plus profitable possible, doit être employé directement à la production des récoltes de fourrage ou des récoltes améliorantes, plutôt qu'à la production immédiate des céréales.*

En effet, le fumier répandu dans le sol n'augmente pas seulement sa fécondité actuelle, mais surtout il augmente sa *puissance de fécondité*, si je puis m'exprimer ainsi, c'est-à-dire son aptitude à percevoir une fécondité plus grande dans toutes les circonstances qui ont pour effet de lui en donner.

Ainsi, un sol mis en jachère, dont la fécondité a été accrue par une application de fumier, aura acquis la faculté de recevoir de la jachère même, indépendamment de celle que le fumier lui a déjà apportée, une dose de fécondité plus grande que le sol à qui ce secours n'a pas été accordé. Je l'ai déjà dit, c'est une force d'aspiration qui lui est communiquée : par exemple, un sol qui n'avait que 6°, et que l'on porte à 26° par l'application de vingt voitures de fumier par hectare avant de lui faire subir la jachère, reçoit de la jachère même 5° au lieu de 3° qu'il en aurait reçus, et sa fécondité se trouve portée à 31° au lieu de 29° qu'il aurait eus si le fumier n'y eût été mis qu'au moment de la semaille.

De même, un sol n'ayant que 6° lorsqu'on le met en pâturage, et qui n'aurait gagné que 2° par an, en gagne 4 si, avant de le mettre en pâturage, on porte sa fécondité à 16° par l'addition de dix voitures de fumier pour chaque hectare. Après quatre années d'un pâturage beaucoup plus abondant, ce qui est déjà un premier bénéfice du fumier appliqué, il aura gagné dans le pâturage seul 16° au lieu de 8°, et il possèdera 32° quand on le rompra après ce laps de temps; tandis qu'il n'en possèderait que 24 si les 10 voitures de fumier lui étaient données seulement au moment de le rompre ou après l'avoir rompu; et cette seule différence d'époque dans l'application du fumier apporterait dans le produit de l'avoine semée sur le défrichement du pâturage une différence de 1 hectolitre 18 litres par chaque hectare, sans préjudice de 7°,50 de fécondité qui restent encore de plus dans le sol.

Poursuivant le même examen à l'égard du trèfle ou d'une autre légumineuse semée pour fourrage, si un sol ayant 14° de fécondité a été enrichi de 20° par l'application de 20 voitures de fumier à chaque hectare avant de recevoir la semence de trèfle, outre une récolte de fourrage incomparablement plus abondante et une richesse acquise et non consommée par ce produit, il gagne, par l'influence plus fertilisante de la légumineuse plus épaisse et plus fournie, 6° au lieu de 2; le blé qui succède donne par hectare 14 hectolitres au lieu de 5 hectolitres 60 litres; et si les 10 voitures de fumier étaient répandues sur le trèfle au moment de le rompre, le sol produirait encore 1 hectolitre 40 litres de blé de moins par hectare que celui qui aurait reçu ce fumier avant la semaille du trèfle, indépendamment de 2°,40 de fécondité qui lui resteraient de moins qu'à l'autre.

Mais c'est surtout dans la culture de la luzerne que se montre l'immense avantage d'appliquer immédiatement le fumier aux plantes à fourrage. Supposons que la moitié d'un sol possédant 24° de fécondité soit mise en luzerne sans recevoir de fumier, et que l'autre moitié du même sol, également semée en luzerne, en reçoive, au moment de la semaille, 20 voitures par hectare, qui porteront sa fécondité à 44°. Je ne parlerai point de l'incontestable supériorité des récoltes de fourrage obtenues de la partie fumée, et qui rembourseront déjà au cultivateur plus de la totalité de ses avances; mais au bout de cinq années de végétation, la fécondité de la partie fumée se sera accrue encore de 40°, et aura été portée à 84; tandis que celle de la partie non fumée ne se sera augmentée que de 20°, qui élèveront sa fécondité totale à 44°; différence, 40°. En rompant ces deux luzernes pour y semer du blé, celle qui aura été fumée donnera 18 hectolitres 20 litres par hectare, tandis que l'autre ne donnera que 9 hectolitres 80 litres; il restera encore à la première 63°,20 de fécondité, tandis qu'il ne restera que 32°,80 à l'autre; et si l'on en exige une seconde récolte de blé, comme on le pratique fréquemment dans le midi de la France, l'une en pourra produire encore 13 hectolitres 72 litres, et conservera néanmoins 47°,52 de fécondité, tandis que l'autre n'en donnerait que 7 hectolitres 28 litres, et sa fécondité se trouverait réduite à 24°,48.

Si, en rompant la luzerne qui n'a point été fumée, on lui donnait à ce moment les 20 voitures de fumier qu'on avait avancées à l'autre, elle n'acquerrait toujours que 64°, au lieu de 84°, pour la production du blé; et ainsi le sol de la luzerne fumée a réellement gagné 20° par la seule présence du fumier dans ce sol pendant les cinq années de sa végétation. Or ces 20°, dont le bénéfice est dû *uniquement* à l'application immédiate du fumier à la semaille de la luzerne, sont susceptibles de donner en deux récoltes successives de blé 11 hectolitres 20 litres par hectare, en laissant encore dans le sol un reliquat de 7°,20 de fécondité qui profite aux récoltes suivantes. En faut-il davantage pour démontrer de la manière la plus palpable combien il y a de bénéfice à appliquer le fumier directement aux récoltes de fourrage plutôt que de le réserver pour les récoltes de céréales, comme on le fait presque toujours?

Il y a donc une espèce de profit spécial, et en quelque sorte d'opportunité, qui est dû tout entier au mode d'application du fumier. Pendant qu'on le croirait inactif dans le sol non labouré ou non occupé par des céréales, il travaille mystérieusement à y faire, à y condenser de la fécondité; et ce travail même, qui prépare l'abondance des récoltes à venir, enrichit déjà le cultivateur des productions fourragères qu'il fait naître en s'accomplissant.

J'ai cru pendant long-temps que l'art des assolements était une chimère, et qu'il suffisait, pour obtenir de belles récoltes, d'avoir du fumier en abondance, de l'enterrer et de semer. Je penserais encore de même aujourd'hui, s'il était vrai, comme le disent les auteurs agronomes, que l'art des assolements consiste simplement à établir une succession de récoltes qui soient combinées de manière à produire beaucoup de fourrages, et à procurer ainsi les moyens de faire beaucoup de fumier. Mais, en étudiant à fond l'agriculture, en la pratiquant et en la voyant pratiquer bien et mal, j'ai vu qu'il y avait autre chose, et que ce n'était envisager que l'effet premier d'une cause, sans approfondir toute son action possible.

Sans doute, le fumier est une matière essentielle en agriculture. Pour en fabriquer, il faut avoir des fourrages ou des pâturages que l'on fait consommer par des animaux de produit, machines vivantes qui donnent en même temps du lait, de la viande, de la laine, de la force pour les travaux, etc. Ainsi, l'agriculteur doit s'approvisionner de fourrages, comme le fabricant de draps s'approvisionne de laine. Or, il n'est pas difficile de créer des fourrages ni de confectionner du fumier; il n'y a point d'art, en effet, à semer dans un bon champ de la luzerne au lieu d'y semer du blé; ce n'est qu'une prévoyance vulgaire, et rien de plus : tout fabricant sait qu'il lui faut de la matière première.

Mais l'art véritable des assolements est de savoir créer de la fécondité par un emploi intelligent du fumier : car c'est elle, en définitive, qui vivifie le sol et le rend productif. Les céréales n'absorbent pas le fumier en substance : elles absorbent la fécondité qu'il apporte au sol et celle qu'il y attire ou y fait naître.

Quand on songe qu'une voiture de fumier appliquée à un hectare de terrain au moment où l'on y sème du blé, n'augmente la récolte que de 35 litres de grain et de 58 kilogrammes de paille, et que cependant cette voiture de fumier est susceptible, par un emploi mieux raisonné, d'accroître la récolte à peu près du double de cette quantité, on ne peut s'empêcher de reconnaître qu'il y a un art véritable dans des combinaisons qui donnent lieu à des résultats si différents.

Le fumier n'est pas seulement par lui-même un élément de fécondité, mais il augmente aussi la puissance des autres agents de la fécondité, sur lesquels il exerce une influence d'excitation. Ainsi, une voiture de fumier appliquée à un hectare de sol mis en jachère, indépendamment de son effet propre comme élément de fécondité, augmente de $0°,10$ l'action fertilisante de la jachère.

Appliquée à une légumineuse qui est semée pour être enfouie, elle augmente de $0°,20$ l'action fertilisante de cette légumineuse enfouie.

Appliquée à un pâturage que l'on sème, elle augmente de $0°,10$ par année ou de $0°,40$ en quatre ans l'action fertilisante de ce pâturage, etc.

Par conséquent, 10 voitures données à une jachère d'un hectare produisent le même effet que 11 voitures qui seraient données seulement au moment de la semaille; 10 voitures données en semant une légumineuse qui doit être enfouie, produisent autant d'effet que 12 voitures qui seraient répandues quand on enterre la légumineuse; et 10 voitures attribuées à un pâturage que l'on sème équivalent à 14 voitures que l'on mettrait sur ce pâturage en le rompant quatre ans après.

Maintenant, on comprendra que si ces trois modes d'amélioration sont mis successivement en usage sur ce sol avant d'en exiger une récolte de céréales, et qu'on ait appliqué les 10 voitures de fumier *au début de l'opération*, leur effet sur chaque mode successif d'amélioration ira en croissant de tout celui qu'il aura déjà produit sur les précédents. Ainsi, les 10 voitures données à la jachère agiront comme 11 sur la légumineuse suivante qui sera enfouie, comme 13°,20 sur le pâturage suivant, etc. : de telle sorte que leur effet total sur le sol se trouvera être de 18°,64 ou 18 voitures 3/5 au moment où l'on termine l'opération en rompant le pâturage pour y semer du blé.

Mais, dira-t-on, le fumier que l'on confie ainsi à la terre longtemps avant de lui faire produire des céréales, est un capital mort. Non, ce n'est point un capital mort, mais, au contraire, placé à très-gros intérêts, et même à intérêts d'intérêts. A la vérité, on est six ans avant de récolter des céréales; mais on a quatre années de bon pâturage; et un pâturage bien établi, exploité avec intelligence, est déjà une bonne rente qui se perçoit facilement et à très-peu de frais. Du reste, ce système de culture est surtout applicable aux sols pauvres, improductifs, à l'amélioration desquels on ne peut consacrer que très-peu de fumier; et les récoltes de céréales que l'on y obtient après les six années pendant lesquelles on crée ainsi de la fécondité, sont tellement supérieures en produit à tout ce qu'on recueillerait dans le cours de douze années en touchant trop tôt à la fécondité qui s'élabore dans le sol, qu'il n'y a réellement pas à hésiter sur le choix.

L'importance de ces règles deviendra plus sensible par leur application à une hypothèse. Ce sera le sujet de ma prochaine lettre.

TROISIÈME LETTRE.

Avant de reprendre le sujet de ma dernière lettre au point
où il est resté, je dois remplir une lacune qui s'y trouve relativement à l'indication des quantités de fécondité absorbées par
les diverses récoltes, lacune qui n'aura pas échappé à votre attention, et que j'avais laissée à dessein, afin de simplifier l'étude
de la science nouvelle, qui, pour être bien comprise, a besoin
d'être expliquée avec clarté et sans confusion.

J'ai dit et démontré qu'une récolte de blé absorbait 40 pour
0/0 de la fécondité du sol, le seigle 30 pour 0/0, l'orge et l'avoine
25 pour 0/0. Les observations et les expériences répétées à l'envi
ont généralement constaté que telle était effectivement la puissance d'absorption de chacune de ces céréales.

J'ai indiqué de plus dans quelle proportion le sol était amélioré
par le fumier, par la jachère, par les légumineuses coupées en
vert ou enfouies, et par le pâturage semé.

Mais il y a d'autres produits dont il importe également de
connaître l'action sur la fécondité du sol. Les vesces, les fèves,
les pois et autres légumineuses *récoltées en grains*, les pommes,
de terre, les betteraves, les carottes, les panais, les raves et
autres racines, le maïs, le millet, et enfin le sarrasin, plante
précieuse et trop souvent dédaignée, exercent aussi sur cette
fécondité une influence qu'il est nécessaire d'apprécier.

Si je n'en ai pas parlé d'abord, c'est, je dois le dire, parce qu'on est loin d'être aussi bien fixé et aussi bien d'accord sur leurs propriétés épuisantes, qu'on l'est sur celles des quatre céréales les plus usuelles, qui ont été plus étudiées et mieux observées. La science attend, à l'égard des autres végétaux cultivés, des expériences et des observations plus décisives et plus concluantes que celles qui ont été faites jusqu'ici. Les euphorimètres allemands en sont encore à disserter sur l'évaluation de la fécondité qu'elles absorbent; des opinions divergentes ont été soutenues, dans lesquelles les raisonnements de système ont pris trop souvent la place des faits.

Par exemple, les cultures de sarclage donnant au sol le bénéfice d'une jachère, on a discuté sur le point de savoir si ce bénéfice profitait en entier au sol, ou s'il profitait en entier à la récolte, ou si, se partageant entre eux, il profitait pour moitié à l'un et à l'autre; et c'est là-dessus surtout que sont intervenues les explications métaphysiques, qui prouvent peu de chose par elles-mêmes, mais à l'appui desquelles les partisans de chaque opinion ont eu soin de citer des faits et des expériences.

D'un côté, on a dit : Si le sarclage des légumineuses met à la portée des suçoirs des plantes les molécules du sol qui sont impréguées de fécondité dont les plantes s'emparent, en même temps il ramène à la surface les molécules sucées, qui se saturent de nouveau de la fécondité communiquée tant par l'air que par les émanations fertilisantes des légumineuses en végétation : en sorte qu'il y a une espèce d'échange entre la fécondité qu'aspirent les plantes et celle qui est restituée au sol, partant point de bénéfice pour celui-ci.

D'un autre côté, on a répondu : Il est vrai que, par l'effet du sarclage, les plantes empruntent au sol plus de fécondité qu'elles n'en enlèveraient si le sarclage n'avait pas lieu; mais cette perte est réparée en entier par l'exposition répétée des molécules du sol aux influences fertilisantes des gaz atmosphériques; et comme les légumineuses enrichissent d'autant plus le sol qu'elles ont une végétation plus vigoureuse, il en résulte qu'elles lui rendent d'autant plus de fécondité qu'il leur en avait prêté davantage; et qu'ainsi, c'est en définitive le sol qui s'approprie tout le bénéfice des cultures de sarclage, sauf une part fixe qu'il abandonne à la récolte.

Quant aux médiateurs de ces deux opinions extrêmes, ils ont fait le raisonnement suivant : Le sol *gagne* dans toute l'épaisseur de sa couche qui surmonte les suçoirs; mais il *perd* dans toute la partie de sa couche où agissent les suçoirs. Il est vrai que plus la végétation est vigoureuse, plus il y a de distribution de fécondité dans la couche supérieure qui est ouverte et divisée par le sarclage; mais en même temps, plus il y a d'aspiration et de soustraction de cette même fécondité dans la couche inférieure qui entoure les racines et qui n'est pas ramenée à la surface : donc le sol ne profite que d'une partie du bienfait de la jachère résultant des sarclages; donc il *partage* ce bienfait avec les plantes sarclées qu'il nourrit.

On sent qu'une fois engagés dans le vague des hypothèses, les dissertateurs, négligeant d'éclairer leur marche uniquement par l'expérience et par les faits, ne pouvaient que difficilement arriver à la découverte de la vérité. Thaer lui-même, le judicieux Thaer, y a perdu sa logique ordinaire : car, après avoir annoncé qu'il résultait d'un grand nombre d'essais opérés sur des sols soumis à l'assolement triennal, que la récolte de céréales venant après une légumineuse récoltée en grains, supposait, de la part de celle-ci, une absorption de 6º,50 à 8º, il porte l'épuisement positif occasioné par une récolte de légumineuse en grain à une quantité fixe de 4 degrés, sans justifier d'une manière plus précise l'adoption de ce chiffre. (*Principes raisonnés d'Agriculture*, § 255.)

La cause unique de toutes ces vacillations provient de ce que les euphorimètres allemands ont *obstinément* voulu trouver, pour l'épuisement occasioné par les légumineuses récoltées en grains, une moyenne proportionnelle invariable, comme ils l'avaient trouvée pour les céréales. Ils cherchaient, dans leurs expériences, des résultats qui leur permissent de dire avec précision : Une légumineuse récoltée en grains absorbe 12 pour 0/0, ou absorbe 14 pour 0/0, ou telle autre proportion fixe de la fécondité totale du sol; tandis que ces mêmes expériences indiquaient qu'elle absorbait tantôt 10, tantôt 12, tantôt 14 pour 0/0, suivant l'état de fécondité dans lequel se trouvait le sol.

Ces variations, qui étaient pourtant dans la nature des choses, ne leur ont jamais permis d'atteindre le but de leurs patientes et laborieuses recherches.

Il en a été de même pour les pommes de terre et autres récoltes-racines. Tantôt ils trouvaient qu'elles causaient un épuisement de 6 pour 0/0, tantôt un épuisement qui allait jusqu'à 14 pour 0/0. Comment réduire des résultats si discordants à une mesure proportionnelle fixe, objet constant de leurs opiniâtres efforts? Il aurait fallu faire violence aux lois de la nature.

Pour se tirer d'embarras, Thaer, qui expérimentait sur des sols pourvus de 50 à 60° de fécondité, a attribué à la pomme de terre une absorption invariable de 12°, diminuée par une amélioration également invariable de 4° provenant des cultures de sarclage: en résultat, un épuisement fixe de 8°. (*Ibid.*, § 255.)

Thaer entrevoyait la vérité, il la touchait; mais, au lieu de la saisir, il a embrassé une supposition dont la fausseté palpable aurait dû frapper un esprit d'une aussi grande rectitude que le sien.

N'est-il pas évident, en effet, qu'une récolte abondante de pommes de terre produite par un sol de 60° par exemple, doit absorber plus de fécondité qu'une chétive récolte faite dans un sol de 6°; que les sarclages exécutés dans le premier doivent y rappeler plus de fécondité que ceux qui ont lieu dans le second; et que surtout il y a impossibilité absolue à ce que la récolte absorbe une quantité fixe de 8° dans un sol qui n'en possèderait que 6?

Oui, il y a ici, de même que pour les légumineuses récoltées en grains, deux actions contraires exercées sur le sol: l'une d'épuisement provenant de la récolte, l'autre d'amélioration provenant des sarclages. Mais ces deux actions, au lieu d'avoir un effet fixe, ont l'une et l'autre, au contraire, un effet essentiellement variable: épuisement par la récolte, proportionné à la fécondité existante dans le sol; et amélioration par les sarclages, proportionnée à la même fécondité.

Je ne finirais pas si je rapportais, même en substance, toutes les discussions que ce sujet a fait éclore en Allemagne, où fut le berceau de l'euphorimétrie : on en peut conclure du moins que cette partie de la nouvelle science ne présente pas autant de certitude et n'est peut-être pas susceptible d'autant de précision que celle relative aux céréales proprement dites. Toutefois, ce que j'ai à en dire, concilie tous les systèmes, et fait concorder entre eux les résultats de toutes les expériences; et si ce n'est pas la vérité même, c'est à coup sûr ce qui en approche le plus. D'ailleurs, le champ est ouvert aux expérimentateurs; leurs observations que je provoque pourront confirmer ou rectifier les règles que je vais exposer.

Les récoltes dont il s'agit d'apprécier l'action sur le sol, et que j'ai dénommées au commencement de cette lettre, se divisent naturellement en trois catégories principales, qui sont : les *légumineuses récoltées en grains*, les *récoltes-racines*, et les *pseudo-céréales*. Les deux premières se sous-divisent elles-mêmes chacune en deux classes distinctes.

Ainsi, ou les légumineuses récoltées en grains n'auront point reçu de sarclage, comme les vesces ou les pois semés en grand à la volée; ou bien elles auront été sarclées, comme on le pratique ordinairement pour les fèves, et dans certains cas pour les pois·

Si les légumineuses n'ont point été sarclées, elles n'en ont pas moins, durant leur végétation, exercé sur le sol la même influence d'amélioration que celles qui sont coupées en vert : cette production de fécondité, résultant de la végétation des légumineuses, doit donc être ajoutée à celle existant déjà dans le sol, et c'est sur le total que s'opère l'épuisement occasioné par leur fructification. Or, tout indique que cet épuisement est le même que celui causé par les céréales de printemps, c'est-à-dire de 25 pour 0/0 : car la durée de la végétation entière des légumineuses et la quantité de matière nutritive qu'elles renferment, ne sont pas moindres que dans les céréales de printemps.

Il suit de là que, si le sol contient 16° de fécondité, la légumineuse, pendant sa végétation, lui ajoutera 2°,40, total 18°,40; la fructification enlevant 25 pour 0/0, c'est-à-dire 4°,60, la fécondité du sol restera à 13°,80 : il aura donc perdu 2°,20, ou 13,75 pour 0/0.

Si la fécondité du sol était de 44°, la végétation de la légumineuse y ajouterait 8°, total 52, sur quoi la fructification absorberait 25 pour 0/0 ou 13°; il resterait 39°, et par conséquent la fécondité du sol aurait subi une diminution de 5° ou 11,36 pour 0/0.

Dans le cas où les légumineuses sont sarclées durant l'activité de leur végétation, le sol reçoit de plus l'accroissement de fécondité que donne la jachère, et c'est sur le total que s'exerce l'absorption de 25 pour 0/0 pour la fructification.

Ainsi, le sol ayant 16° de fécondité, la végétation des légumineuses ajoute 2°,40; les sarclages, qui agissent comme la jachère, ajoutent de plus 4°; total 22°,40; sur quoi la fructification prend 25 pour 0/0, ou 5°,60; il reste 16°,80: donc le sol a gagné 0°80, ou 5 pour 0/0. Et si la fécondité du sol était à 44°, l'accroissement résultant de la végétation des légumineuses serait de 8°; celui résultant des sarclages, de 6°,80; total 58°,80: les 25 pour 0/0 enlevés par la fructification étant de 14°,70, il resterait dans le sol 44°,10: en sorte qu'il n'aurait gagné que 0°,10. Un sol d'une fécondité plus élevée perdrait quelques centièmes de degré, malgré le bénéfice des sarclages.

Ces résultats sont conformes à ce qu'on observe tous les jours dans la pratique. Thaer, qui ne fait pas de distinction entre les légumineuses qui sont sarclées et celles qui ne le sont point, dit, à l'endroit cité de ses *Principes raisonnés d'Agriculture* : « Jusqu'à présent, on a envisagé les pois, les fèves, les vesces, » comme des récoltes améliorantes, et l'on a attribué cette pro- » priété à leur ombre, à l'ameublissement du sol, à l'influence » des molécules de l'air qu'elles pompent, au chaume et aux » grandes racines qu'elles laissent dans le sol; plusieurs agricul- » teurs les ont en conséquence assimilées à la jachère morte, à » condition, toutefois, que les plantes auront été vigoureuses et » serrées les unes contre les autres, ce qui ne s'obtient que sur » des champs cultivés avec soin. » Vraisemblablement il veut parler ici des légumineuses en grains qui ont été sarclées.

Le baron Crud, son traducteur, et lui-même agriculteur distingué, frappé du succès des céréales après des légumineuses *sarclées*, manifeste son étonnement en ces termes : « Dans des

» essais *comparatifs* qui, à la vérité, n'avaient pas toute la pré-
» cision que j'exige d'une expérience pour la juger concluante,
» je n'ai aperçu aucune différence entre les récoltes de blé
» qui venaient après des fèves *dûment sarclées*, et celles qui
» suivaient la jachère morte. Je ne conçois point comment un
» produit qui donne tant de sucs alimentaires, peut atteindre sa
» maturité sans enlever au sol beaucoup des substances qu'il con-
» tient : cependant, en pratique, cela semble démontré. » (*Économie de l'Agriculture*, § 186.)

Et lorsqu'à la suite du passage cité plus haut, Thaer ajoute
qu'il lui paraît qu'on va trop loin lorsqu'on compare ces récoltes
à la jachère morte, que l'ensemble des essais qui ont été faits sur
des terrains soumis à l'assolement triennal, a donné lieu de penser au plus grand nombre d'agriculteurs que ces récoltes absor-
baient de 6°,50 à 8°, et que lui-même évalue l'épuisement qu'elles
occasionent à une moyenne fixe de 4°, il est évident que là il fait
allusion aux légumineuses non sarclées, et que, pour tout con-
cilier, il adopte au hasard une moyenne entre deux états de choses tout-à-fait dissemblables, les légumineuses sarclées et celles
qui ne le sont point.

Cherchons, maintenant, quel est l'épuisement occasioné par
les récoltes de racines.

Il se présente tout d'abord une distinction à faire entre celles
qui accomplissent entièrement leur végétation avant d'être récoltées, comme les pommes de terre; et celles qui sont enlevées
du sol avant que leur végétation soit achevée, comme les betteraves, les navets, etc.

Les premières absorbent non-seulement la fécondité employée
à la production des substances nutritives que contiennent leurs
tubercules, mais encore celle qui sert à la formation de leurs
semences. Il est donc évident qu'elles enlèvent au sol plus de fécondité que les secondes. Aussi tout le monde est d'accord aujourd'hui que la pomme de terre est fort épuisante, et même que
l'épuisement causé par elle est moindre quand la céréale qui la
suit n'est semée qu'au printemps, différence qui est due surtout
à ce que le sol, remué par l'arrachage de la pomme de terre et
relabouré au printemps, reçoit de là une sorte de demi-jachère,

et se recharge de principes fertilisants puisés dans l'atmosphère, avant de subir la fatigue d'une nouvelle végétation. Il est bien certain aussi que les sarclages donnés à la pomme de terre doivent ajouter à la fécondité du sol celle que donne la jachère, et que l'absorption qu'exerce la récolte s'opère sur le total.

Mais de combien est cette absorption? J'ai tout lieu de croire qu'elle est égale à celle d'une céréale de printemps. Il est bien vrai qu'à surface égale de terrain, la pomme de terre donne une plus grande masse de produit, et en résultat une plus grande quantité de matière nutritive; mais aussi son mode de végétation est tout différent; l'organisation de sa plante, la dimension et la structure de ses feuilles, lui permettent de puiser davantage dans le grand réservoir de l'atmosphère : en sorte que, tout balancé, il n'est nullement vraisemblable que sa récolte absorbe, en moyenne, plus de 25 pour 0/0 de la fécondité du sol.

A l'appui de cette évaluation, j'invoquerai les nombreuses expériences de Thaer. Il dit, en effet, à l'endroit cité de ses *Principes raisonnés d'Agriculture*, que toutes les fois qu'il a donné à la partie d'un champ plantée en pommes de terre deux voitures de fumier par *journal* (1) de plus qu'à la partie en jachère morte, il n'a remarqué aucune diminution sur les deux récoltes de céréales qui s'y succédaient; et de là il évalue l'épuisement qu'elles occasionent à 30° de son échelle euphorimétrique, en leur attribuant en déduction la même influence fertilisante qu'à la jachère à cause des sarclages, c'est-à-dire 10°; ce qui réduit, en définitive, l'épuisement à 20° de son échelle, qui font 8° de la mienne. Or, Thaer a expérimenté sur des sols ayant une fécondité de 130 à 140° de son échelle, qui représentent de 52 à 56° de la mienne. Supposons 56° : les sarclages, équi-

---

(1) Le *journal* dont parle Thaer, est le *journal de Berlin*, de 25 ares 56 centiares. 2 voitures de fumier en accroissent la fécondité de 7°,82, et par conséquent de bien près de 8°. — RÈGLE GÉNÉRALE : Toutes les fois qu'on veut évaluer la quantité de fécondité qui est ajoutée au sol par l'application d'un nombre quelconque de voitures de fumier à une surface fractionnée de l'hectare, il faut diviser le nombre de voitures de fumier appliquées, par la fraction de l'hectare qui représente cette surface. Ainsi, dans le cas particulier, on divise le nombre 2 par 0,2556, et l'on obtient 7°,82 de fécondité apportée au journal de Berlin par les 2 voitures de fumier.

valant à une jachère, y ajoutent 8°; total 64°; la récolte de pommes de terre absorbant 25 pour 0/0, c'est-à-dire 16°, il reste dans le sol 48°, et par conséquent l'épuisement occasioné par la récolte est ici de 8°, qui font bien les 20° de l'échelle de Thaer.

La règle que je pose pour l'évaluation de l'épuisement occasioné par une récolte de pommes de terre est donc sanctionnée par les expériences les plus dignes de foi, puisqu'elles sont dues à Thaer lui-même. Pourquoi faut-il que ce célèbre agronome ait voulu faire de ce chiffre, objet de sa prédilection parce qu'il était le résultat de ses consciencieuses recherches, le tarif *invariable* de l'épuisement que la pomme de terre exerçait sur tous les sols, quel que fût leur état de fécondité? Il était pourtant facile de comprendre qu'une récolte chétive faite dans un sol pauvre ne pouvait pas absorber autant de degrés de fécondité qu'une récolte abondante dans un sol riche. Par exemple, si le sol ne possède que 16° de fécondité, les sarclages, qui font l'office de la jachère, ajoutent 4°; et, sur le total de 20°, la récolte de pommes de terre absorbant 25 pour 0/0 ou 5°, il reste dans le sol 15° : par conséquent il n'a perdu que 1°. Pour qu'il perdît 8°, il faudrait que la récolte fût aussi abondante que dans le sol qui avait 56°, et l'on sent que la chose est impossible. L'un perd le septième de sa fécondité, l'autre n'en perd que le seizième; et la différence des deux récoltes est très-vraisemblablement en rapport avec les quantités de fécondité absorbée, c'est-à-dire dans la proportion de 8 à 1, en supposant d'ailleurs une culture également soignée pour les deux sols.

Il serait intéressant de rechercher combien 1° de fécondité absorbée produit d'hectolitres de pommes de terre dans les années d'une température moyenne; mais aucune observation comparative n'a encore été faite à cet égard, quoique rien ne présenterait moins de difficulté.

Quant aux récoltes de racines qui sont enlevées du sol avant d'avoir complété leur végétation et produit leurs semences, comme la betterave, la carotte, le navet, etc., il est manifeste qu'elles lui dérobent moins de fécondité que la pomme de terre, qui accomplit la sienne tout entière. On pourrait même croire, en n'y réfléchissant pas assez, qu'elles doivent y puiser très-peu, puisque, d'après les lois ordinaires de la physiologie végétale, ce n'est qu'au moment de la fructification que les suçoirs des plantes, qui jusque là ont été nourries principalement des gaz nutritifs que leurs feuilles ont aspirés dans l'atmosphère, pompent avec force dans le sol les sucs employés à la formation et au développement de leurs semences. Néanmoins, il faut reconnaître que les plantes à racines succulentes font exception à ces lois ordinaires. Leur alimentation végétale est à double action : elles sont, à vrai dire, dans le règne végétal, ce que les ruminants sont dans le règne animal : car elles emmagasinent d'avance, dans les cellules de leurs volumineuses racines, comme dans une panse, une provision de sucs nutritifs qui subissent là une élaboration préparatoire avant de passer dans les tiges qui s'élèvent plus tard pour porter les semences. Il est donc hors de doute que bien qu'elles ne fructifient pas dans le sol, elles absorbent une part sensible de sa fécondité. Quelle est cette part? Des expériences directes et d'une exécution facile pourraient seules la déterminer avec précision : en attendant, je ne crois pas être loin de la vérité en l'évaluant à 20 pour 0/0. Et comme des sarclages sont toujours donnés à ces racines, l'amélioration qui en résulte pour le sol, s'ajoute à sa fécondité avant la soustraction des 20 pour 0/0 enlevés par la récolte.

Ainsi, dans un sol qui possède 16° de fécondité, les sarclages équivalant à la jachère ajoutent 4°, ce qui porte la fécondité totale à 20°; les 20 pour 0/0 absorbés par la récolte ramènent la fécondité à 16° : donc le sol n'a rien perdu ni rien gagné.

Si la fécondité du sol était de 36°, les sarclages ajouteraient 6°, total 42°. La récolte enlevant 20 pour 0/0 ou 8°,40, il resterait dans le sol 33°,60 : en sorte qu'il aurait perdu 2°,40. A un sol de 56°, la récolte qui absorberait 12°,80, ferait perdre 4°,80.

Si, au contraire, la fécondité du sol n'est que de 6°, les sarclages la portent à 9°; la récolte n'y prend que 1°,80, et le sol gagne 1°,20.

De la comparaison de ces divers produits, il semblerait résulter :

a) Que les récoltes de racines sont *relativement* chétives dans les sols très-pauvres, et qu'elles sont *relativement* très-abondantes dans les sols riches, puisque la fécondité de deux sols étant dans la proportion de 1 à 9, leurs récoltes seraient cependant dans le rapport de 1 à 12. Les récoltes *énormes* de turneps que l'on obtient en Angleterre dans des sols fortement fumés, viendraient à l'appui de cette conclusion;

b) Que les sols riches perdent à peine, dans ces belles récoltes, quelques degrés de la haute fécondité qu'ils possèdent (5° sur 58), et que les sols très-pauvres gagnent, par le bienfait des sarclages, plus qu'ils ne perdent par la faible récolte qu'ils produisent;

c) Que, dans les sols médiocres , il n'y a ni perte ni profit de fécondité, et qu'en tout cas l'épuisement, quand il y en a , est, à vrai dire, insensible; ce qui expliquerait cette remarque faite par Thaer sur les navets : « L'amendement que fournissent les » débris des raves r estées sur le sol, est peut-être un équivalent » de ce qu'elles ont absorbé ; *on ne croit pas que cette récolte* » *appauvrisse le sol.* » (*Principes raisonnés d'Agriculture* , § 1271.)

Il me reste à vous parler de la force d'absorption ou d'épuisement dont jouissent les plantes que je classe sous la dénomination de *pseudo-céréales*, comme le *maïs* , le *millet*, et le *sarrasin*.

A l'égard du *maïs*, il n'existe jusqu'à présent aucune observation qui puisse servir de base à une évaluation même approximative de sa puissance d'absorption, que l'on suppose considérable. Le baron Crud, qui a pratiqué la culture du maïs , dit qu'il *le tient pour l'un des produits les plus épuisants de l'agriculture* (*Economie de l'Agriculture* , § 245) ; mais il ne rapporte rien de plus précis sur cette propriété d'épuisement. Dans une grande partie du département de l'Ain, on cultive alternativement le maïs et le blé ; mais les deux récoltes sont toujours fumées plus ou moins abondamment , et le maïs reçoit des sarclages très-soignés. Il serait cependant aisé d'apprécier d'une manière exacte l'épuisement occasioné par une récolte de maïs : pour cela , il faudrait diviser en deux parties égales un champ qui aurait reçu au printemps une quantité déterminée de fumier.

L'une serait semée en maïs, et l'autre resterait en jachère morte ; puis, en semant à l'automne du blé sur la totalité du champ, on connaîtrait, par la différence des produits en blé, le nombre de degrés de fécondité que le maïs aurait absorbés. Il est à désirer que les amis de la science qui habitent des contrées où la culture du maïs est pratiquée, veuillent faire ces recherches et les répéter pendant plusieurs années, pour obtenir sur ce point des données certaines.

Il en est de même de l'épuisement que le *millet* exerce sur le sol. Aucune expérience spéciale n'a encore indiqué d'une manière positive la quotité de cet épuisement. « Je n'ai connaissance, dit » le baron Crud, d'aucune expérience précise qui détermine la » quantité de sucs que le millet absorbe dans le terrain qui le » produit. J'estime qu'il tient pour cela le milieu entre le seigle » et l'orge » (*Économie de l'Agriculture*, § 180). Ce serait une absorption de 27 à 28 pour 0/0 ; mais cette évaluation conjecturale, qui peut être acceptée par provision, a besoin, pour être définitivement admise, d'être contrôlée par des essais entrepris dans ce but.

Enfin, combien le *sarrasin* enlève-t-il de fécondité au sol ? La durée de sa végétation et la quantité de matière nutritive qu'il contient, sont à peu près égales à celles des céréales de printemps ; et, d'après cette double analogie, on pourrait croire que sa force d'épuisement doit être la même. Mais il est à remarquer que la structure de ses organes est tout-à-fait différente : ses tiges succulentes sont incessamment abreuvées d'un liquide plus abondant et moins quintescencié qui s'épure dans ses plus larges feuilles ; il végète, pour ainsi dire, à la manière des légumineuses ; et, sans la grande quantité de ses produits farineux, il ne prendrait certainement pas plus au sol qu'elles n'y prennent elles-mêmes. Aussi reconnaît-on généralement qu'il absorbe moins de fécondité que les céréales de printemps. « Nous n'avons pas encore, » dit le baron Crud au § 188 de l'ouvrage plusieurs fois cité, » nous n'avons pas encore des données précises sur le degré » d'appauvrissement que le blé noir (sarrasin) opère sur le sol : » je serais tenté de croire qu'à quantité égale de produit calculé

« d'après le volume et non au poids, il est d'environ un quart de
» celui occasioné par le froment. »

Une pareille évaluation est beaucoup trop vaguement expri-
mée pour servir à la fixation d'un chiffre : car il faudrait connaître *à priori* quel volume de blé le sol aurait produit, puis quel
volume *comparatif* de sarrasin. Toutefois, cette indication, toute
confuse qu'elle est, jointe à mes propres observations, me fait
adopter, pour mesure de l'épuisement occasioné par le sarrasin,
le taux de 12 pour 0/0, jusqu'à ce que des expériences réitérées
et bien positives en puissent déterminer un autre. Du reste, ces
expériences seraient faciles à exécuter : elles consisteraient, par
exemple, à semer du sarrasin dans la moitié d'un champ de pas-
sable fécondité où du seigle aurait été cultivé et moissonné de
bonne heure, puis d'ensemencer au printemps la totalité du
champ en avoine : la comparaison des produits de l'avoine dans
les deux parties donnerait la mesure à peu près exacte de l'épuisement imputable au sarrasin.

Voilà, Monsieur, où en est cette partie de la nouvelle science.
Elle est, comme vous voyez, moins avancée et elle présente
moins de certitude que celle relative à la jachère, aux céréales
ordinaires, et même aux légumineuses coupées en vert. On en
conçoit facilement la cause : l'assolement triennal, universellement pratiqué pendant tant de siècles, a permis, par la simpli-
cité de sa culture et l'uniformité de ses produits, de mieux étudier l'action que cette culture et ces produits exerçaient sur le
sol, et de répéter indéfiniment les observations qui pouvaient
servir de base à des règles certaines. Mais si une fois l'utilité de
l'euphorimétrie est bien comprise, des agriculteurs zélés et instruits, entrant dans la carrière, agrandiront le cercle encore
resserré des connaissances positives; et alors l'agriculture, si
long-temps stationnaire parce qu'elle ne marchait qu'à tâtons et
dans les langes de l'empirisme, fera de véritables et rapides progrès.

Revenons maintenant aux études d'application.

Dans ma première lettre, je vous ai fait connaître l'assolement
rationnel que l'euphorimétrie signalait comme le plus profitable
pour la culture pendant 12 années d'un sol ayant une fécondité

médiocre de 16ᵉ, et en faveur duquel on pouvait disposer d'une quantité à peu près illimitée de fumier. Aujourd'hui, je propose un problème tout différent, d'une application beaucoup plus fréquente et plus utile : c'est de trouver l'assolement le plus productif qu'il soit possible d'appliquer à un terrain très-pauvre, de 4° de fécondité, que l'on veut améliorer, et pour lequel on ne peut disposer, soit tout à la fois, soit successivement, que de 4 voitures de fumier par hectare dans le cours de 12 années; ou, en d'autres termes, trouver l'assolement qui peut produire le plus de grain et de paille avec ces faibles ressources, et qui, cependant, au bout de 12 années d'exploitation, laisse le sol dans un état croissant de fécondité. Assurément, un pareil problème ne serait pas indigne des honneurs d'un concours.

Il faut d'abord chercher quel serait, dans ce cas, le produit de l'assolement triennal : car ce doit être le type constant de comparaison dans toutes les circonstances. Il faudra bien aussi placer en regard les produits en grains que donnerait ici le fameux assolement quadriennal, ne fût-ce que pour mettre de nouveau en évidence l'infériorité de cet assolement, et prouver combien peu il méritait, en toute occasion, l'engouement extraordinaire dont il a été si long-temps l'objet parmi les agronomes théoriciens, et dont je n'ai pas été plus exempt que les autres.

Ici encore, je ne donnerai point le détail fastidieux des calculs, et je me bornerai à en présenter les résultats dans des tableaux.

1ᵉʳ TABLEAU.

ASSOLEMENT TRIENNAL.

		FÉCONDITÉ		
		AJOUTÉE.	ABSORBÉE.	RESTANTE.
Fécondité actuelle....		»	»	4 degrés.
ANNÉES.	RÉCOLTES.			
1.	Jachère fumée à 1 voiture par hectare..........	3,90	»	7,90
2.	Seigle..............	»	2,37	5,53
3.	Avoine.............	»	1,38	4,15
4.	Jachère fumée à 1 voit.	3,91	»	8,06
5.	Seigle..............	»	2,42	5,64
6.	Avoine.............	»	1,41	4,23
7.	Jachère fumée à 1 voit.	3,92	»	8,15
8.	Seigle..............	»	2,45	5,70
9.	Avoine.............	»	1,43	4,27
10.	Jachère fumée à 1 voit.	3,93	»	8,20
11.	Seigle..............	»	2,46	5,74
12.	Avoine.............	»	1,43	4,31
	Bonification du sol (1)........			0,31

15°,35 de fécondité ont été absorbés, savoir :

Par le seigle, 9°,70, produisant 11 hectolitres 32
litres, valant........................... 169 f. 80 c.

Par l'avoine, 5°,65, produisant 13 hectolitres 20
litres, valant.......................... 99   »

Paille, 3,246 kilogrammes, valant.............. 97   38

Total en argent.................. 366   18

Si, au lieu de partager les 4 voitures de fumier entre les 4 rotations, on les attribuait toutes à la jachère de la première rotation, on obtiendrait les résultats consignés dans le tableau suivant :

(1) Au bout de 18 ans, le sol aura gagné 1/3 de degré de fécondité, ou 0°,33, et restera stationnaire à 4°,33 tant qu'on ne changera rien à l'assolement ni à la dose de la fumure.

2ᵉ TABLEAU.

AUTRE ASSOLEMENT TRIENNAL,

dans lequel les 4 voitures de fumier sont attribuées à la jachère de la première rotation.

		FÉCONDITÉ		
		AJOUTÉE.	ABSORBÉE.	RESTANTE.
	Fécondité actuelle.....	»	»	4 degrés.
ANNÉES.	RÉCOLTES.			
1.	Jachère fumée à 4 voitures par hectare.....	7,20	»	11,20
2.	Seigle...............	»	3,36	7,84
3.	Avoine...............	»	1,95	5,89
4.	Jachère sans fumier....	2,99	»	8,88
5.	Seigle...............	»	2,66	6,22
6.	Avoine...............	»	1,56	4,66
7.	Jachère sans fumier....	2,86	»	7,52
8.	Seigle...............	»	2,26	5,26
9.	Avoine...............	»	1,32	3,94
10.	Jachère sans fumier....	2,79	»	6,73
11.	Seigle...............	»	2,02	4,71
12.	Avoine...............	»	1,18	3,53
	Détérioration du sol.........			0,47

16ᵈ,31 ont été absorbés, savoir :

Par le seigle, 10ᵈ,30, produisant 12 hectolitres 2
litres, valant............ 180 f. 30 c.

Par l'avoine, 6ᵈ,01, produisant 14 hectolitres 3
litres, valant............ 105 22

Paille, 3450 kilogrammes, valant............ 103 50

Total en argent............ 389 02

La différence en argent de 22 fr. 84 c. qui existe en faveur de
ce second assolement triennal sur le premier, est compensée
jusqu'à concurrence de 18 fr. 54 c. par la différence de 0ᵈ,78 qui
existe entre la fécondité restant dans le sol du premier et celle

restant dans le sol du second (1). Le surplus, qui est de 4 f. 30 c., provient de ce qu'ici tout le fumier ayant été introduit dans le sol à la jachère de la première rotation, l'action fertilisante des jachères s'en est trouvée légèrement augmentée.

3e TABLEAU.

ASSOLEMENT QUADRIENNAL.

		FÉCONDITÉ		
		AJOUTÉE.	ABSORBÉE.	RESTANTE.
	Fécondité actuelle. . . .	»	»	4 degrés.
ANNÉES.	RÉCOLTES.			
1.	Pommes de terre fumées à 1,34 voit. par hectare	4,27	2,07	6,20
2.	Orge.	»	1,55	4,65
3.	Trèfle.	0,50	»	5,15
4.	Blé.	»	2,06	3,09
5.	Pommes de terre fumées à 1,34 voitures.	4,18	1,82	5,45
6.	Orge.	»	1,36	4,09
7.	Trèfle.	0,50	»	4,59
8.	Blé.	»	1,84	2,75
9.	Pommes de terre fumées à 1,34 voitures.	4,15	1,73	5,17
10.	Orge.	»	1,29	3,88
11.	Trèfle.	0,50	»	4,38
12.	Blé.	»	1,75	2,63
	Détérioration du sol. 1,37			

(1) La voiture de fumier, qui représente 1º de fécondité sur 1 hectare, renferme *intrinsèquement* de quoi produire :

En seigle, 0 hectolitre 735 décilitres, valant. . . . . 11 f. 02 c.
Plus en avoine, 0 hectolitre 864 décilitres, valant. 6 48
Et en paille, 210 kilogrammes, valant. 6 30

Par conséquent, elle vaut, incorporée dans le sol. 23 80

Mais cette valeur ne peut être réalisée ou recouvrée qu'en plusieurs récoltes successives. En blé, orge et paille, el e ne vaut que 21 f. 99 c.

Fécondité absorbée :

Par le blé, 5º,65, produisant 4 hectolitres 94 li-
　　tres, valant..................................... 98 f. 80 c.
Par l'orge, 4º,20, produisant 7 hectolitres, va-
　　lant... 73　50
Paille, 1515 kilogrammes, valant................. 45　45
　　　　　　　Total en argent.................... 217　75

Les chétives récoltes de racines et de trèfle ne rembourse-
raient certainement pas les frais qu'elles occasioneraient, non
plus que celles d'orge et de blé. L'exiguité du produit brut et
l'extrême détérioration que subirait le sol, démontrent assez que
l'assolement quadriennal serait ici tout-à-fait impraticable.

Pour empêcher qu'un sol déjà si pauvre se détériorât davantage par cet assolement, il faudrait au moins 4 voitures de fumier par hectare, au lieu de 1,34, à chaque rotation; et encore
n'obtiendrait-on alors, dans les 12 années, que

7 hectolitres 18 litres de blé, valant............ 143 f. 60 c.
10 hectolitres 55 litres d'orge, valant............ 110　75
et 2240 kilogrammes de paille, valant............ 67　20
　　　　　　　Total...................... 321　55

Produit toujours trop insignifiant pour rendre l'assolement
praticable.

Maintenant que nous connaissons le mince produit que l'on
doit attendre d'un pauvre sol de 4º qui serait soumis à l'assolement triennal avec une très-faible fumure de 4 voitures par hectare en 12 ans, cherchons le meilleur assolement à suivre dans
les circonstances données, celui que l'euphorimétrie indique
comme le plus productif, en même temps qu'il sera améliorant,
en un mot, l'assolement *rationnel*.

Dans cette position, l'agriculteur peut se proposer deux buts
essentiellement différents : ou il recherche les plus grands produits en céréales qu'il soit possible d'obtenir d'un sol aussi indi-
gent, avec un aussi faible secours de fumier, sans néanmoins
négliger tout-à-fait l'augmentation de sa fécondité; ou bien il
désire, avant tout, dans les sages prévisions de l'avenir, lui rendre une haute fécondité, et cependant recueillir en céréales au

moins autant que par l'assolement triennal. La diversité de ces vues doit nécessairement apporter une différence dans les dispositions de l'assolement rationnel.

On peut imaginer un nombre presque infini de combinaisons ou d'assolements différents à tenter pour atteindre l'un ou l'autre but. S'il fallait en faire l'essai sur le terrain même, on y userait la vie d'un Mathusalem, et l'on pourrait y engloutir la fortune d'un Rotschild. Avec le secours de l'euphorimétrie, on évalue d'une manière exacte, en moins d'une journée, vingt assolements divers, sans avoir à courir les chances d'une expérimentation lente et coûteuse; on sait sur le champ à quoi s'en tenir sur la valeur de chacun d'eux: ou compare, et l'on fait son choix.

La réflexion seule peut déjà singulièrement abréger ce travail: ici, par exemple, où l'on a affaire à un sol épuisé auquel on n'a à départir qu'une quantité insignifiante de fumier, il serait contre tout espoir légitime de succès de vouloir en exiger des récoltes de céréales avant de lui avoir restitué de la fécondité, sans laquelle toute production, de ce genre surtout, est nécessairement misérable. La nature n'opèrerait pas le miracle d'une riche moisson sur un champ stérile.

Il faut donc, avant tout, relever la fécondité du sol par l'emploi successif de tous les moyens de fertilisation qui sont au pouvoir du cultivateur. Ainsi, après que le sol aura reçu les 4 voitures de fumier par hectare qui peuvent seulement lui être allouées, on le fera jouir du bénéfice d'une jachère d'été; puis on y sèmera en automne des vesces d'hiver qui seront enfouies en fleur l'année suivante, pour recevoir immédiatement un semis de plantes à pâturage, lequel pourrait être composé, pour chaque hectare, de

Dactyle pelotonné..	12 kilog.	Minette.........	4 kilog.
Ray-grass vivace...	6	Fromental.....	3
Fétuque..........	5	Fléau des prés,	2
Trèfle blanc.......	4	Chicorée......	2
Trèfle commun....	4	Achillée......	1

Ce pâturage, soigneusement établi, exploité d'abord avec ménagement, puis exercé à fond par le gros bétail, et surtout par les moutons qu'on y fera longuement séjourner, sera rompu après 4 ans de durée : alors le sol aura recouvré assez de fécondité pour pouvoir produire quelques récoltes de blé, entre lesquelles seront intercalées des cultures de légumineuses enfouies en fleur.

Tel est le mode d'assolement que recommandent, dans le cas particulier, les simples lois de la logique. En voici les résultats euphorimétriques :

4ᵉ TABLEAU.

ASSOLEMENT RATIONNEL

pour un sol de 4ᵒ, avec 4 voitures de fumier par hectare en 12 ans.

ANNÉES.	RÉCOLTES.	FÉCONDITÉ			
		AJOUTÉE.	ABSORBÉE.	TOTALE.	DISPONIBLE.
Fécondité actuelle...		»	»	4ᵒ	4ᵒ
1.	Jachère fumée à 4 voitures.	7ᵒ20	»	11ᵒ20	11,20
2.	Vesces d'hiver enfouies en fleur. . .	7,04	»	18,24	18,24
3, 4, 5, 6.	Pâturage semé. . .	16,88	»	35,12	22,46
7.	Vesces enfouies. . .	9,28	»	44,40	35,96
8.	Blé.	»	14ᵒ38	30,02	25,80
9.	Blé.	»	10,32	19,70	19,70
10.	Fèves enfouies. . .	8,74	»	28,44	28,44
11.	Blé.	»	11,38	17,06	17,06
12.	Blé.	»	6,82	10,24	10,24
Bonification du sol.					6ᵒ24

Fécondité absorbée :

Par le blé, 42ᵒ90, produisant 37 hectolitres 54 litres, valant. . . . . 750 f. 80 c.

Paille, 6306 kilogrammes, valant. 189   18

Total en argent. 939   98

Cet assolement, dans les conditions données, est le plus productif de tous ceux dont j'ai soumis les combinaisons aux calculs de l'euphorimétrie, et je suis assuré qu'il n'en existe aucun autre qui, dans l'espace de 12 années, et avec des ressources aussi limitées, puisse procurer autant de blé, tout en augmentant la fécondité primitive du sol. Faites-y un seul changement, comme de supprimer la jachère, ou d'associer une céréale au semis du pâturage sous prétexte de le protéger : les produits en grains seront diminués.

Ce n'est pas qu'il ne soit susceptible d'être modifié, et même de l'être utilement, en sacrifiant une partie de ses produits immédiatement réalisables en argent à un plus grand accroissement de fécondité du sol et à la production de quelques fourrages à faucher. L'assolement rationnel a cet avantage éminent, que, procédant avec connaissance de cause et avec la prescience des quantités de grains qu'il va produire et de la fécondité qu'il va laisser au sol, il est libre dans ses allures, et n'a pas cette inflexibilité systématique des assolements que certains agronomes imposent à leurs adeptes. Veut-on améliorer un sol appauvri ? L'euphorimétrie, par la rigueur de ses chiffres, avertit le cultivateur qu'il ne doit alors en exiger des récoltes de céréales qu'avec la plus grande réserve, et elle mesure en quelque sorte la fécondité qu'il y amasse, comme dans une caisse d'épargnes, pour les besoins ou les spéculations de l'avenir. Désire-t-il en obtenir des récoltes de fourrages à faucher ? Elle l'avertit encore que s'il veut les avoir abondantes et véritablement améliorantes, il ne doit les demander qu'à un sol déjà riche en fécondité ; sans quoi il aura le double désavantage d'une récolte faible et d'une amélioration presque nulle : en un mot, l'assolement rationnel se prête aux diverses nécessités du cultivateur intelligent qui règle sa culture tant sur ses besoins du moment que sur la possibilité du sol dont il connaît avec précision et la force actuelle, et celle qui lui restera ou lui sera ajoutée après chaque produit obtenu.

Par exemple, le cultivateur, dans les circonstances données, tient-il moins à avoir des céréales qu'à obtenir tout à la fois plus de ressources fourragères pour ses bestiaux et un très-grand accroissement de fécondité du sol ? L'assolement rationnel se modifie de la manière suivante :

5e TABLEAU.

ASSOLEMENT RATIONNEL
productif de fourrages et de fécondité.

		FÉCONDITÉ			
		AJOUTÉE.	ABSORBÉE.	TOTAL.	DISPONIBLE.
Fécondité actuelle....		»	»	4o	4o
ANNÉES.	RÉCOLTES.				
1.	Vesces fumées à 4 voit. et enfouies.	10,40	»	14,40	14,40
2, 3, 4, 5.	Pâturage semé. ...	14,72		29,12	18,08
6.	Vesces ou fèves enfouies.	8,40	»	37,52	30,16
7.	Seigle.	»	9,05	28,47	24,79
8.	Vesces d'hiver enfouies.	9,74	»	38,21	38,21
9.	Seigle.	»	11,46	26,75	26,75
10, 11, 12.	Sainfoin........	13,62	»	40,37	31,29
Bonification du sol. 36,37					

Fécondité absorbée :

Par le seigle, 20o,51, produisant 23 hectolitres 93

  litres, valant....................... 358 f. 95 c.

Paille, 4690 kilogrammes, valant..... .... 140 70

    Total en argent................ 499 65

 Si, au lieu de seigle, on eût semé du blé la 7e et la 9e année, la valeur du produit en grain et en paille se serait élevée à 567 f. 35 c.; mais la bonification du sol n'aurait été que de 26o,78.

 Cet assolement a un avantage considérable sur l'assolement triennal, dont on voit le produit brut entier dans les 1er et 2e tableaux. Il donne en deux seules récoltes plus de grains et de paille que les 8 récoltes de l'assolement triennal; il fournit encore de plus 4 années de bon pâturage, 3 bonnes coupes de sainfoin, et. par-dessus tout, il laisse le sol bonifié de 36o,37 de fécondité, et capable de produire, la 13e année, 10 hectolitres

96 litres de blé par hectare, sans aucune addition de fumier, et en conservant encore 27",85 de fécondité.

Ce remarquable résultat, ainsi que celui de l'assolement du 4e tableau, non moins remarquable par une autre nature de produits, sont dus l'un et l'autre à une même cause que j'ai déjà signalée, et de laquelle sort cet axiome important : que, *quand on veut améliorer un sol très-pauvre avec très-peu de fumier, il faut de toute nécessité s'interdire pendant plusieurs années d'y prendre des récoltes de céréales, et même s'abstenir d'en exiger des fourrages à faucher.* L'agriculture ne produit rien qu'avec lenteur : c'est donc un devoir pour l'agriculteur de savoir attendre, et de semer quelquefois long-temps avant de recueillir. Cette attente, d'ailleurs, qui doit être récompensée par de bonnes récoltes et une durable amélioration, n'est pas sans profit actuel : le produit net d'un bon pâturage bien employé n'est certainement pas inférieur au produit en grains de l'assolement triennal dans un sol de 4° auquel on ne peut donner que 1 voiture de fumier par hectare. Or, celui qui pratique ce dernier assolement, ne se résigne-t-il pas à attendre pendant l'année de jachère sans rien recueillir absolument, quoiqu'il dépense des labours ? Et cette attente improductive n'est-elle pas de 4 années sur 12 ? Au moins celui qui a semé un pâturage, en recueille sans frais le produit par ses bestiaux ; et ce produit a une valeur de fourrage et de bonification du sol que, en France, on ne sait pas assez apprécier.

Les deux assolements représentés dans les 4e et 5e tableaux, qui donnent de si beaux résultats avec de si faibles moyens, perdraient toute leur supériorité si l'on se hâtait trop tôt de demander au sol des récoltes de céréales. Il est facile de donner une nouvelle preuve de cette vérité, en faisant une modification, en apparence légère, à l'assolement rationnel du 4e tableau, et en supposant, par exemple, que l'on sème du seigle après la jachère de la 1re année, que le pâturage soit semé dans ce seigle, et que le premier blé soit semé sur le pâturage rompu. On aurait alors le résultat suivant :

6ᵉ TABLEAU.

ASSOLEMENT RATIONNEL

dénaturé par une récolte prématurée de céréales.

		FÉCONDITÉ		
		AJOUTÉE.	ABSORBÉE.	TOTALE.	DISPONIBLE.
	Fécondité actuelle...	n	n	4º	4º
ANNÉES.	RÉCOLTES.				
1.	Jachère fumée à 4 voitures par hectare..	7º20	n	11º20	11º20
2.	Seigle..............	n	3º36	7,84	7,84
3, 4, 5, 6.	Pâturage semé......	9,44	n	17,28	10,20
7.	Blé...............	n	4,08	13,20	8,48
8.	Vesces enfouies.....	6,48	n	19,68	17,32
9.	Blé...............	n	6,93	12,75	12,75
10.	Fèves enfouies......	7,35	n	20,10	20,10
11.	Blé...............	n	8,04	12,06	12,06
12.	Blé...............	n	4,82	7,24	7,24

Bonification du sol.......... 3º24

Fécondité absorbée :

Par le blé, 23º,87, produisant 20 hectolitres 89
    litres, valant....................... 417 f. 80 c.
Par le seigle, 3º,36, produisant 3 hectolitres 92
    litres, valant....................... 58 80
Paille, 4277 kilogrammes, valant............... 128 31

Total en argent............ 604 91

c'est-à-dire 335 fr. 07 c. (près de 1/3) de moins que dans l'assolement du 4ᵉ tableau, sans compter 3º de moins en bonification du sol; et cela pour avoir voulu faire trop tôt des récoltes de céréales. Et si à cette modification on en ajoute une autre, en substituant un trèfle à faucher aux fèves enfouies de la 10ᵉ année, le produit en grains et en paille diminuera encore de 78 f. 64 c.;

il descendra à 526 fr. 30 c., et la bonification du sol ne sera plus que de 1°,21 ! Un pareil rapprochement de chiffres n'a besoin d'aucun commentaire.

Il n'y a certainement point de science au monde qui, avec 4 voitures de fumier par hectare pour 12 ans, soit capable de porter *subitement* à un haut degré de fécondité un champ stérile et épuisé. Mais n'est-ce pas déjà beaucoup que de savoir qu'avec de si minces ressources, par des combinaisons judicieuses et une sage temporisation dans la production des céréales et des fourrages à faucher, on peut, dans le cours de 12 années, et selon qu'on voudra suivre l'assolement figuré au 4e tableau ou celui qui est indiqué dans le 5e, doubler la fécondité du sol en doublant et bien au-delà les produits en grains et en paille qu'on obtiendrait de l'assolement triennal, ou bien dépasser encore ces mêmes produits en décuplant la fécondité du sol, sans compter les fourrages pâturés et fauchés ?

Le cultivateur, je le sais, ne se résigne pas volontiers à laisser si long-temps son terrain sans lui faire produire des céréales ; car, à ses yeux, il n'y a de produit véritable que ce qui se convertit immédiatement en numéraire : à peine consent-il à donner une estimation d'argent au pâturage, quoiqu'il vende le lait, le beurre, les veaux, la laine et les moutons gras qui en proviennent. Aussi, je ne propose point ces deux assolements comme un mode général de culture ; mais je les indique, surtout le dernier, comme un moyen d'amélioration partielle et successive pour les sols appauvris et usés. Il n'y a pas un domaine d'une étendue tant soit peu considérable, qui ne renferme, dans les parties les plus excentriques de son périmètre, quelques pièces de terre ainsi épuisées par l'abus des récoltes de céréales sans fumier. L'euphorimétrie enseigne par quelle voie on parviendra à les relever de cet état de misère et à les reporter à un degré satisfaisant de fécondité ; elle démontre qu'avec la seule avance de 4 voitures de fumier par hectare, il y a possibilité de décupler en 12 années leur valeur intrinsèque et productive, non-seulement sans rien retrancher des récoltes en grains qu'on en aurait retirées par l'assolement triennal, mais en y ajoutant même, et en recueillant de plus des fourrages pâturés et fauchés.

5

J'aurai l'occasion de vous signaler d'autres services éminents que cette science doit rendre à l'agriculture.

Dans une lettre suivante, nous rechercherons, à l'aide du calcul euphorimétrique, quel est l'assolement le plus productif à pratiquer sur un sol de fécondité ordinaire avec une fumure moyenne.

QUATRIÈME LETTRE.

Me voici arrivé à la partie la plus importante des communications que j'ai promis de vous donner sur l'euphorimétrie. Après vous avoir fait connaître les assolements que cette science indique comme les plus profitables, soit pour un sol de fécondité moyenne en faveur duquel on peut disposer d'une très-grande quantité de fumier, soit pour un sol très-pauvre à qui l'on n'a que très-peu de fumier à accorder, il faut rechercher aussi, en s'aidant des calculs dont elle fournit les éléments, quel est l'assolement le meilleur à suivre pour un sol de fécondité moyenne, en employant une quantité ordinaire de fumier. Cette position étant celle de presque toutes les exploitations agricoles, on comprend l'immense intérêt qui se rattache à cette recherche.

J'ai déjà dit que j'entendais par l'assolement le meilleur, celui qui produisait le plus de grain, le plus de paille, le plus de fourrages, avec le moins de labours ou frais de culture, et en maintenant le sol dans un état de fécondité croissante. Tout assolement dont les effets tendent à diminuer cette fécondité, doit être rejeté comme imparfait ou vicieux : car, quels que soient ses produits du moment, il conduit inévitablement le cultivateur à sa ruine. La diminution graduelle de la fécondité amène nécessairement la diminution graduelle de la production; cependant, la dépense de culture restant la même, et le prix de vente des grains s'établissant toujours d'après ce que leur production a coûté au plus grand nombre des cultivateurs, il en résulte que la concurrence de ces derniers constitue en perte tous ceux qui ne peuvent plus produire à aussi bon marché qu'eux. Voilà pourquoi l'assolement quadriennal dit *perfectionné*, qui produit *moins et plus chèrement* que l'assolement triennal, a ruiné et ruinera tous ceux qui se sont obstinés ou qui s'obstineront à le pratiquer en grand. C'est une vérité que je revendique à honneur de proclamer hautement, et que j'espère rendre de plus en plus palpable aux esprits les plus prévenus.

Le temps me manquera aujourd'hui pour entrer dans les calculs qui doivent indiquer l'assolement le plus productif dans le cas proposé : car, auparavant, deux points essentiels et préalables sont à étudier concernant les légumineuses à fourrage : le premier est relatif à l'usage presque universel où l'on est de les semer dans une céréale d'automne, et surtout dans une céréale de printemps ; le second est relatif à l'effet successif et plus ou moins prolongé qu'exercent sur la fécondité du sol les racines et les débris des légumineuses qui l'ont occupé pendant un certain nombre d'années, comme la luzerne ou le sainfoin.

Je me suis demandé souvent s'il y avait un avantage réel à semer une légumineuse destinée à être fauchée, dans une céréale de printemps ou d'automne, plutôt que de la semer seule. C'est une question qu'il était à peu près impossible de résoudre sans le secours de l'euphorimétrie.

Il était bien évident qu'en semant la légumineuse seule, on perdait le bénéfice d'une récolte de céréales ; mais ce bénéfice pouvait n'être qu'apparent ou éphémère.

En effet, il y a deux choses qui ne sauraient être contestées par personne : la première, c'est qu'une légumineuse, quelle qu'elle soit, végète infiniment mieux dans un sol bien muni de fécondité que dans un sol qui en est dépourvu ; la seconde, c'est que cette légumineuse fauchée en vert augmente d'autant plus la fécondité du sol, que sa végétation a été plus belle et plus vigoureuse. Or, en semant le trèfle, par exemple, dans de l'orge qui suit du blé, il est manifeste qu'on le place dans les conditions les plus défavorables à sa réussite, puisque, les deux céréales

auxquelles il succède ayant déjà enlevé au sol 55 pour 0/0 de sa
fécondité au moment où le trèfle en prend possession, la végétation de celui-ci s'en trouve nécessairement affaiblie, ainsi que
l'amélioration qu'il devait procurer au sol ; et par conséquent la
récolte du blé qui le remplace doit en être diminuée d'autant. Il
n'était donc pas déraisonnable de présumer qu'en semant le trèfle
seul et avant que le sol eût subi aucun retranchement de fécondité par les céréales, outre plus de fourrage et plus d'amélioration du sol qu'on en retirerait sans aucun doute, on obtiendrait
peut-être après lui une récolte de blé, puis une récolte d'orge, qui
égaleraient au moins, si elles ne les dépassaient, les deux récoltes
de blé et la récolte d'orge obtenues dans le premier cas. Il était
donc intéressant de soumettre ces deux hypothèses aux épreuves
comparatives du calcul euphorimétrique.

Voici le résultat de cet examen :

Si, dans un sol ayant 40° de fécondité, on sème d'abord du
blé, puis de l'orge avec du trèfle, puis du blé sur ce trèfle rompu :
le blé de la 1re année, enlevant 40 pour 0/0, prendra 16°, et en
laissera 24 ; l'orge, prenant 25 pour 0/0 ou 6°, laissera 18° ; le
trèfle venant après ajoutera seulement 2,80, qui porteront la
fécondité à 20,80 ; et le blé de la 4e année prenant 8°,32, la fécondité restante dans le sol à la fin de la rotation, sera de 12°,48.

Si, au contraire, dans le même sol, on sème d'abord le trèfle
seul, qui occupera le terrain pendant deux ans, puis du blé, et
enfin de l'orge, le trèfle, ajoutant dans ce cas 7°,20 à la fécondité, la portera à 47°,20 ; le blé qui lui succède, prenant 18°,88,
en laissera 28,32 ; et l'orge qui suit enlevant 7°,08, il restera
dans le sol 21°,24.

Dans le premier cas, il y aura eu d'absorbé :

Par le blé, 24°,32, produisant 21 hectolitres 30
    litres, valant. . . . . 426 f. » c.
Par l'orge, 6°, produisant 9 hectolitres 98 litres,
    valant. 104   79
Paille, 4555 kilogrammes, valant. 136   65

        Total en argent. 667   44

Dans le second cas, la fécondité absorbée sera :

Par le blé, 18°,88, produisant 16 hectolitres 12
litres, valant. 322   40
Par l'orge, 7°,08, produisant 11 hectolitres 78
litres, valant. 123   69
Paille, 3862 kilogrammes, valant. 115   86

Total en argent. 561   95

Différence en faveur du premier. 105   49

Si l'on s'en tenait à ce premier résultat, il semblerait qu'il y a
un avantage marqué à semer le trèfle dans une céréale plutôt que
de le semer seul. Cependant ce prétendu bénéfice n'est que momentané : on peut même dire qu'il n'est qu'apparent; et malheureusement c'en est assez pour le plus grand nombre des cultivateurs, que des apparences semblables n'entraînent que trop
souvent hors du sentier de leurs véritables intérêts.

Je dis qu'ici le bénéfice n'est qu'apparent, et il est facile d'en
convaincre tous ceux qui attachent quelque valeur au fourrage.
En effet, il est prouvé que toutes les légumineuses coupées en
vert augmentent la fécondité du sol en proportion de la vigueur
de leur végétation, ou, en renversant la proposition, que plus
elles ont augmenté la fécondité du sol, plus leur végétation a
été forte et abondante. Or, dans le premier des deux assolements
en question, le trèfle n'ajoute que 2°,80 à la fécondité du sol;
tandis que, dans le second, il ajoute 7°,20; l'abondance de la
récolte fourragère du trèfle a dû, suivant toutes les probabilités,
suivre la même proportion de 2,80 à 7,20, ou, en nombres
ronds, de 7 à 18: de telle sorte que si, par exemple, la récolte
de trèfle a produit, dans le premier assolement, 1800 kilogrammes de foin sec par hectare, elle en aurait produit 4600 dans
le second; et, en évaluant à 60 fr. les 1000 kilogrammes de
trèfle en foin, la récolte fourragère du premier assolement ne
vaudrait que 108 fr. par hectare, tandis que celle du second vaudrait 276 fr. — Différence en faveur de ce dernier, 168 fr.

On sera peu surpris de ce résultat, si l'on réfléchit que le
trèfle du premier assolement pousse dans un sol de 18° seulement
de fécondité, tandis que celui du second croît dans un sol de 40°;

et personne n'ignore qu'en effet le trèfle, comme toutes les autres légumineuses, vient bien plus élevé et plus épais dans un sol
riche que dans un sol pauvre.

Aussi me semble-t-il beaucoup plus juste et tout-à-fait rationnel de préjuger l'abondance de la récolte fourragère d'après
l'état de fécondité où se trouve le sol qui la produit, plutôt que
d'après l'accroissement proportionnel qu'elle apporte à cette fécondité. Pour donner à cette base une consistance matérielle qui
rende faciles les calculs de comparaison, je supposerai que chaque degré de fécondité que possède le sol, fait produire, dans les
années d'une température ordinaire, 170 kilogrammes de foin
par hectare à la récolte de trèfle, 200 kilogrammes à la récolte
de luzerne, et 150 kilogrammes à la récolte de sainfoin, en prévenant toutefois que je n'entends point donner ces chiffres comme des estimations exactes, mais seulement comme des rapports
de convention entre la fécondité du sol et ses produits en fourrage sec de ces espèces diverses. Le trèfle du premier assolement, qui a végété dans un sol de 18°, produirait, d'après cette
base, 3060 kilogrammes de foin par hectare, valant 183 f. 60 c.;
celui du second, qui a été semé dans un sol de 40°, en produirait
6800, valant 408 fr. — Différence en faveur du dernier, 224 fr.
40 c. Et en défalquant de cette somme les 105 fr. 40 c. formant
l'excédant de valeur en grain et en paille du premier assolement
sur le second, ce dernier obtient en définitive sur l'autre un avantage de 118 fr. 91 c. J'avais donc raison de dire que le bénéfice
du premier assolement n'était qu'apparent.

Mais j'ai dit de plus que ce bénéfice, même en ce qui concernait les seules céréales et abstraction faite de la valeur du fourrage, n'était que temporaire, et je vais le prouver.

Vous avez dû remarquer, car tous les véritables agriculteurs
doivent porter principalement leur attention là-dessus, que le sol
du premier assolement n'avait plus que 12°,48 à la fin de la rotation, tandis que celui du second conservait 21°,24. En recommençant une rotation nouvelle, les choses vont changer de face quant
au produit même des céréales dans les deux sols. Si l'on donne à
chacun 28 voitures de fumier par hectare, afin que le plus appauvri soit replacé à peu près dans le même état de fécondité,

cette addition reportera le sol du premier assolement à 40°,48;
et celui du second à 49,24.

Les produits de cette seconde rotation seront:

Dans le premier, où le trèfle est semé dans la céréale de printemps,

En blé, 21 hectolitres 53 litres, valant............ 430 f. 60 c.

En orge, 10 hectolitres 10 litres, valant.......... 106   05

En paille, 4606 kilogrammes, valant............. 138   18

        Total en argent................. 674   83

Et il ne restera dans le sol que 12°,64 de fécondité.

Dans le second, où le trèfle est semé seul,

En blé, 20 hectolitres 40 litres, valant.......... 408 f. » c.

En orge, 14 hectolitres 54 litres, valant......... 152   67

En paille, 4,850 kilogrammes, valant.......... 145   50

        Total en argent................. 706   17

Et le sol conservera encore 26°,23 de fécondité.

Ainsi, dans cette seconde rotation, le sol où le trèfle a été semé
seul donne en grain et en paille un produit qui, à la vérité, n'excède que de 31 fr. 34 c. celui du sol où le trèfle a été semé dans
la céréale de printemps, mais enfin qui ne lui est plus inférieur;
et cet excédant de produit va toujours croissant dans les rotations suivantes, en même temps que la bonification du sol dans
laquelle cet accroissement prend sa source.

A l'égard des récoltes de trèfle, si elles se maintiennent au
produit de 1800 kilogrammes de foin dans le premier assolement, elles doivent, d'après le rapport de convention que j'ai indiqué, s'élever, dans le second, à 7370 kilogrammes, et par
conséquent lui donner encore en trèfle un excédant de 256 fr.
80 c.

Les résultats comparatifs seraient absolument semblables dans
le cas où, au lieu de donner aux sols des deux assolements une bonne
fumure de 28 voitures, on leur donnerait seulement une fumure
ordinaire de 19 voitures par hectare, suffisante pour maintenir,
celui du second assolement dans son état primitif de fécondité;
tandis que la fécondité du sol du premier assolement irait en dé-
clinant dans les rotations suivantes. Mais alors il y aurait ceci de

remarquable, que le trèfle, qui trouve dans celui-là toujours la même fécondité, y donnera des récoltes toujours aussi abondantes; pendant que le trèfle de celui-ci, qui végète dans un sol successivement appauvri, y donnera des produits de plus en plus chétifs. Voilà ce qui est arrivé toutes les fois qu'on a placé le trèfle ou toute autre légumineuse à fourrage dans une céréale de l'assolement triennal, en accordant une confiance aveugle à leur propriété d'amélioration, et en négligeant, par ce motif, de réparer par une dose convenable de fumier l'épuisement que le sol avait subi de la part des céréales; et c'est aussi ce qui a fait répéter à tous les agronomes de nos jours que ces plantes se *lassaient* de revenir trop souvent à la même place : comme si la terre se lassait jamais de produire, lorsqu'on a soin de lui restituer la fécondité qu'elle dépense en produisant !

Les deux assolements dont je viens de comparer les produits, ne sont pas les seuls que j'ai étudiés dans le but de rechercher s'il y avait un avantage réel à semer le trèfle dans une céréale plutôt que de le semer seul; j'en ai examiné un grand nombre d'autres diversement combinés, et j'ai toujours obtenu pour résultat qu'à la première rotation, le produit en céréales présentait quelque supériorité là où le trèfle leur avait été associé; mais que cet avantage trompeur disparaissait dès la seconde rotation, et qu'indépendamment des récoltes de fourrage constamment moins abondantes, la fécondité du sol allait en se détériorant, malgré le secours d'une fumure ordinaire; tandis qu'avec la même fumure elle augmentait successivement, ainsi que les produits de toute nature, quand le trèfle était semé seul.

Je vais en citer quelques-uns : car la question qui est ici résolue est assez importante par elle-même et par les conséquences que sa solution doit avoir dans la pratique, pour qu'on ne regrette pas les développements donnés à son examen.

Par exemple, tous ceux qui sèment le trèfle dans la céréale d'automne au lieu de le semer dans la céréale de printemps, affirment que la récolte de fourrage est plus belle et plus assurée : le fait est très-vrai, et il s'explique en ce que le trèfle végète dans un sol qui a 25 pour 0/0 de fécondité de plus dans un cas que dans l'autre. Il était intéressant néanmoins de con-

parer les résultats des deux méthodes sous les autres rapports,
du produit des céréales, de la bonification ou détérioration du
sol, etc., puis de les comparer encore aux résultats que l'on obtient en semant le trèfle seul, et enfin de mettre en regard du
tout les produits de l'assolement triennal, et même ceux du fameux assolement quadriennal. On parvient à ce but par l'examen
des cinq assolements suivants, dont le mouvement euphorimétrique est retracé dans cinq tableaux successifs :

N° 1.	N° 2.	N° 3.	N° 4.	N° 5.
1. Jachère fum.	1. Jach. f.	1. Jach. f.	1. Jach. f.	1. Pommesdet.f.
2. Blé.	2. Blé.	2,3. Trèfl.	2. Blé.	2. Orge.
3. Orge.	3. Trèfle.	4. Blé.	3. Orge.	3. Trèfle.
4. Trèfle.	4. Blé.	5. Orge.		4. Blé.
5. Blé.	5. Orge.			

L'opération est exécutée, comme toujours, sur une superficie
de 1 hectare. Je suppose que le sol possède au début 20° de fécondité. Dans les assolements n°ˢ 1, 2 et 3, la fumure, qui revient tous les cinq ans, est de 30 voitures par hectare, qui se réduisent à 18 voitures pour l'assolement triennal n° 4, où le
fumier est appliqué tous les trois ans, et à 22,50 voitures pour
l'assolement quadriennal n° 5, où le fumier est appliqué tous les
quatre ans. Enfin, chaque mode de culture est suivi pendant 15
ans, ce qui fait trois rotations pour les assolements n°ˢ 1, 2 et 3,
cinq rotations pour l'assolement triennal n° 4, et quatre rotations
de l'assolement quadriennal n° 5, dont on pourrait retrancher
le produit en blé et en paille de la 16ᵉ année, afin de donner à
tous une durée parfaitement égale, et de rendre ainsi la comparaison plus exacte.

Pour faire l'estimation du produit des pommes de terre dans
l'assolement quadriennal, j'emprunterai, comme pour les légumineuses à fourrage, une raison proportionnelle établissant un
rapport de convention entre la fécondité du sol et son produit;
et je supposerai que chaque degré de fécondité que renferme le
sol où elles sont cultivées, en produit 3 hectolitres 33 litres par
hectare, au prix de 2 fr. l'hectolitre. Ce chiffre de 3 hectolitres
33 litres par degré de fécondité est en rapport assez exact avec les
plus fortes évaluations données par Thaer d'après ses expériences.

1ᵉʳ TABLEAU.

ASSOLEMENT Nᵒ 1,

où le trèfle est semé dans la céréale de printemps.

		FÉCONDITÉ		
		AJOUTÉE.	ABSORBÉE.	RESTANTE.
	Fécondité actuelle....	»	»	20 degrés.
ANNÉES.	RÉCOLTES.			
1.	Jachère fumée à 30 voit.	37°40	»	57,40
2.	Blé...............	»	22,96	34,44
3.	Orge..............	»	8,61	25,83
4.	*Trèfle*...........	4,36	»	30,19
5.	Blé...............	»	12,06	18,13
6.	Jachère fumée à 30 voit.	37,21	»	55,34
7.	Blé...............	»	22,14	33,20
8.	Orge..............	»	8,30	24,90
9.	*Trèfle*...........	4,18	»	29,08
10.	Blé...............	»	11,63	17,45
11.	Jachère fumée à 30 voit.	37,14	»	54,59
12.	Blé...............	»	21,84	32,75
13.	Orge..............	»	8,19	24,56
14.	*Trèfle*...........	4,10	»	28,66
15.	Blé...............	»	11,46	17,20
	Détérioration du sol..........			2,80

Fécondité absorbée :

Par le blé, 102°,09, produisant 89 hectolitres

    33 litres, valant...................... 1786 f. 60 c.

Par l'orge, 25°,10, produisant 41 hectolitres 77

    litres, valant....................... 438   58

Paille, 19100 kilogrammes, valant............ 573   »

              Total........... 2798   18

Fécondité sur laquelle les trois récoltes de trèfle

  ont végété :

75°,29, produisant 12800 kilogrammes de foin,

    valant............................... 768   »

          Total en argent.............. 3575   18

2ᵉ TABLEAU.

ASSOLEMENT Nᵒ 2,

où le trèfle est semé dans la céréale d'automne.

		FÉCONDITÉ		
		AJOUTÉE.	ABSORBÉE.	RESTANTE.
	Fécondité actuelle....	»	»	20 degrés.
ANNÉES.	RÉCOLTES.			
1.	Jachère fumée à 30 voit.	37,40	»	57,40
2.	Blé....................	»	22,96	54,44
3.	*Trèfle.*..............	6,08	»	40,52
4.	Blé....................	»	16,21	24,51
5.	Orge..................	»	6,08	18,23
6.	Jachère fumée à 30 voit.	57,22	»	55,45
7.	Blé....................	»	22,18	53,27
8.	*Trèfle.*..............	5,82	»	39,09
9.	Blé....................	»	15,64	23,45
10.	Orge..................	»	5,86	17,59
11.	Jachère fumée à 30 voit.	57,15	»	54,74
12.	Blé....................	»	21,90	32,84
13.	*Trèfle.*..............	5,76	»	38,60
14.	Blé....................	»	15,44	23,16
15.	Orge..................	»	5,79	17,37
	Détérioration du sol......			2,63

Fécondité absorbée :

Par le blé, 114º,33, produisant 100 hectolitres
   4 litres, valant......................... 2000 f. 80 c.

Par l'orge, 17º,75, produisant 29 hectolitres 50
   litres, valant......................... 309   75

Paille, 19697 kilogrammes, valant............ 590   91

              Total.............. 2901   46

Fécondité sur laquelle ont végété les trois récoltes
   de trèfle :

100º,55, produisant 17090 kilogrammes de foin,
   valant................................. 1025   40

           Total en argent............. 3926   80

3° TABLEAU.

ASSOLEMENT N° 3,

où le trèfle est semé seul.

		FÉCONDITÉ		
		AJOUTÉE.	ABSORBÉE.	RESTANTE.
	Fécondité actuelle....	»	»	20 degrés.
ANNÉES.	RÉCOLTES.			
1.	Jachère fumée à 30 voit.	27,40	»	57,40
2, 3.	*Trèfle*..............	10,68	»	68,08
4.	Blé..............	»	27,23	40,85
5.	Orge..............	»	10,21	30,64
6.	Jachère fumée à 30 voit.	38,46	»	69,10
7, 8.	*Trèfle*..............	13,02	»	82,12
9.	Blé..............	»	32,85	49,27
10.	Orge..............	»	12,32	36,95
11.	Jachère fumée à 30 voit.	39,09	»	76,04
12, 13	*Trèfle*..............	14,40	»	90,44
14.	Blé..............	»	36,18	54,26
15.	Orge..............	»	13,57	40,69
	Bonification du sol...............			20,69

Fécondité absorbée :

Par le blé, 96°,26, produisant 84 hectolitres

   23 litres, valant........................... 1684 f. 60 c.

Par l'orge, 36°,10, produisant 60 hectolitres 7

   litres, valant......................... 630 73

Paille, 20036 kilogrammes, valant............. 601 08

               Total............... 2916 41

Fécondité sur laquelle ont végété les trois récoltes

   de trèfle :

202°,54, produisant 34430 kilogrammes de foin,

   valant........................... 2065 80

          Total en argent............. 4982 21

4ᵉ TABLEAU.

ASSOLEMENT TRIENNAL PUR, Nº 4,

sans trèfle.

		FÉCONDITÉ		
		AJOUTÉE.	ABSORBÉE.	RESTANTE.
	Fécondité actuelle....	»	»	20 degrés.
ANNÉES.	RÉCOLTES.			
1.	Jachère fumée à 18 voit.	24°20	»	44°20
2.	Blé....................	»	17°68	26,52
3.	Orge..................	»	6,63	19,89
4.	Jachère fumée à 18 voit.	24,18	»	44,07
5.	Blé....................	»	17,63	26,44
6.	Orge..................	»	6,61	19,83
7.	Jachère fumée à 18 voit.	24,18	»	44,01
8.	Blé....................	»	17,60	26,41
9.	Orge..................	»	6,60	19,81
10.	Jachère fumée à 18 voit.	24,18	»	43,99
11.	Blé....................	»	17,60	26,39
12.	Orge..................	»	6,60	19,79
13.	Jachère fumée à 18 voit.	24,17	»	43,96
14.	Blé....................	»	17,58	26,38
15.	Orge..................	»	6,60	19,78
	Détérioration du sol......... 0,22			

Fécondité absorbée :

Par le blé, 88°,09, produisant 77 hectolitres 8
   litres, valant....................... 1541 f. 60 c.
Par l'orge, 34°,04, produisant 54 hectolitres 98
   litres, valant....................... 577 29
Paille, 18337 kilogrammes, valant............ 550 01
Foin, *néant*.............................. 00 00

      Total en argent.............. 2668 90

5ᵉ TABLEAU.

ASSOLEMENT QUADRIENNAL, Nᵒ 5,

où le trèfle est semé dans la céréale de printemps.

		FÉCONDITÉ		
		AJOUTÉE.	ABSORBÉE.	RESTANTE.
	Fécondité actuelle.....	»	»	20 degrés
ANNÉES.	RÉCOLTES.			
1.	Pom. de t. f. à 22,50 voit.	29,15	12,29	36,86
2.	Orge................	»	9,22	27,64
3.	*Trèfle*.............	4,72	»	32,56
4.	Blé................	»	12,94	19,42
5.	Pom. de t. f. à 22,50 voit.	29,09	12,13	36,38
6.	Orge................	»	9,10	27,28
7.	*Trèfle*.............	4,65	»	31,93
8.	Blé................	»	12,77	19,16
9.	Pom. de t. f. à 22,50 voit.	29,06	12,06	36,16
10.	Orge................	»	9,04	27,12
11.	*Trèfle*.............	4,62	»	31,74
12.	Blé................	»	12,70	19,04
13.	Pom. de t. f. à 22,50 voit.	29,05	12,02	36,07
14.	Orge................	»	9,02	27,05
15.	*Trèfle*.............	4,61	»	31,66
16.	Blé................	»	12,66	19
	Détérioration du sol..........			1°

Fécondité absorbée :

Par le blé, 51°,07, produisant 44 hectolitres 69

    litres, valant....................... 883 f. 80 c.

Par l'orge, 36°,38, produisant 60 hectolitres 54

    litres, valant....................... 635 67

Paille, 13440 kilogrammes, valant............ 403 20

Total à reporter... 1922 67 (1)

(1) On devrait, à la rigueur, en déduire le produit de la 16ᵉ année, qui est :
En blé, de 11 hectol. 8 lit., valant........ 221 f. 60 c. } 277 f. 45 c.
En paille, de 1861 kilogr., valant......... 55 85 }
Il resterait, pour le produit en grain et en paille de 15 années, 1,645 f. 24 c.

Report. . . . . 1922 f. 67 c.

Fécondité sur laquelle ont végété les quatre récoltes de trèfle :

109°,09, produisant 18545 kilogr., valant.   1112   70

Fécondité sur laquelle ont végété les quatre récoltes de pommes de terre (1) :

167°,62, produisant 558 hectol. 17 lit., valant. . . 1116   34

Total en argent des 16 années. . . .   4151   71

Maintenant, si l'on compare entre eux les divers résultats obtenus, on voit :

1° Que l'assolement qui produit le plus de trèfle est celui où
il est semé *seul*, et que l'assolement qui en produit le moins est
celui où il est semé dans la céréale de printemps qui suit une
céréale d'automne; et quoique les quantités soient hypothétiques,
les rapports de produits doivent être considérés comme certains : car ils sont fondés sur le nombre exact de degrés de
fécondité qui existent dans le sol au moment de la production,
et personne n'oserait prétendre que le trèfle donne d'aussi belles
récoltes dans un sol appauvri que dans un sol qui ne l'est pas,
ou qui l'est moins;

2° Que la plus grande production du trèfle, dans le cas où
il est semé seul, ne nuit point à celle des céréales, du moins lorsqu'on suit le système pendant plusieurs rotations; qu'au contraire il la favorise, puisque l'assolement qui donne le plus de
produits de ce genre est encore celui où le trèfle est semé *seul*, et
cela dans un nombre de récoltes moindre que tous les autres,
par conséquent à moins de frais; que l'assolement qui en donne
le plus après lui est le n° 2, où le trèfle est semé dans la céréale
d'automne; puis le n° 1, où le trèfle est semé dans la céréale de
printemps; ensuite l'assolement triennal pur; et enfin l'assolement quadriennal, qui en produit infiniment moins que tous les
autres;

3° Que l'assolement n° 3, où le trèfle est semé sans mélange,

---

(1) Le nombre de degrés de fécondité qui se trouvent dans le sol au moment de la végétation des pommes de terre, se compose de ceux qui restaient
après la récolte précédente, et de ceux qu'y ajoute le fumier appliqué.

et qui produit plus de grains, de paille et de foin que ceux qui viennent de lui être comparés, est en même temps le seul qui accroisse la fécondité du sol à un point considérable, puisqu'il la double dans l'espace de 15 ans, tandis que tous les autres la diminuent à des degrés inégaux, ce qui indiquerait tout au moins une insuffisance de fumure à leur égard. Or, cet accroissement de fécondité, véritable pierre de touche de la bonté d'un assolement, est un avantage inestimable aux yeux de l'agriculteur qui se préoccupe de l'avenir; et on en trouverait la preuve ici même, en poursuivant les calculs sur une ou deux rotations de plus des divers assolements.

Au reste, cette bonification du sol et ces plus grands produits de tous genres, résultant de l'assolement n° 3, qui sont si nettement établis par les chiffres, pouvaient être prévus par le seul raisonnement.

En effet, le trèfle prenant possession du sol avant que les céréales aient enlevé à celui-ci aucune partie de sa fécondité primitive, non plus que de celle qu'il a reçue du fumier et de la jachère, sa végétation nécessairement plus vigoureuse lui fait développer ses propriétés d'amélioration avec plus d'énergie. Viennent ensuite les céréales, qui, trouvant ainsi le sol puissamment enrichi, y puisent d'abondantes récoltes; et comme elles ne paraissent que deux fois en cinq ans, leur action d'épuisement ne parvient pas à consommer toute la fécondité qui est communiquée au sol par ces divers agents de fertilisation : dès-lors, cette fécondité doit s'accroître sensiblement à chaque rotation.

Dans les autres assolements, au contraire, par exemple dans celui n° 1, le trèfle, venant après du blé et de l'orge qui ont fortement appauvri le sol, n'y a qu'une végétation très-médiocre et n'y apporte qu'une amélioration presque imperceptible; puis, le blé qui succède, et qui est la troisième céréale dans le cours de cinq années, l'appauvrit encore : en sorte que la fécondité diminue à chaque rotation, tandis qu'avec la même dose de fumier elle augmente dans l'assolement n° 3. Cet effet est tel, que dès la seconde rotation les trois récoltes de céréales de l'assolement n° 1 sont inférieures en produit aux deux récoltes de l'assolement n° 3, et qu'à la quatrième rotation ces produits sont :

6

Dans l'assolement n° 1,			Dans l'assolement n° 3,		
Blé, 29 hectolitres.	580 f.	» c.	Blé, 33 hectoli-		
Orge, 13 hectoli-			tres 3 litres....	600 f.	60 c.
tres 56 litres...	142	38	Orge, 23 hectoli-		
Paille, 6,200 kilo-			tres 56 litres.	247	38
grammes......	186	»	Paille, 7,857 kilo-		
Foin, 4,150 kilo-			grammes.....	235	71
grammes.....	249	»	Foin, 13,600 kilog.	816	»
Total......	1,157 f.	38 c.	Total......	1,959 f.	69 c.

Détérioration du sol, 2°,89.   Bonification du sol, 22°,17.

La différence en faveur de l'assolement n° 3 est énorme, puisqu'elle est de 802 fr. 31 c. sur le produit net d'un hectare en cinq ans, les frais étant les mêmes dans les deux cas, et qu'en outre le sol conserve 25°,06 de fécondité de plus.

Ainsi, le cultivateur qui pense à l'avenir, celui surtout qui tient à améliorer ses terres, n'hésitera pas à semer le trèfle seul sans l'associer à une céréale. Il en sera de même à plus forte raison pour la luzerne, le sainfoin, et toutes les plantes à fourrage qui doivent durer plusieurs années.

On n'a pas toujours semé le trèfle parmi les céréales : quand on a commencé à le cultiver, ou le semait seul, on le laissait subsister deux ou trois ans, et on en tirait des récoltes magnifiques ; mais, comme sa végétation est lente la première année, on voulut utiliser le sol pendant cette longue période de sa vie d'enfance, et on le sema avec de l'orge qui devait, disait-on, protéger les jeunes plantes et leur servir d'abri. C'était le temps où l'on voulait aussi introduire la culture en grand des navets et de la pomme de terre : les agronomes anglais, cherchant à combiner les deux cultures, inventèrent l'assolement quadriennal, qui fut bientôt préconisé en France, en Allemagne, et dans toute l'Europe, comme le chef-d'œuvre de la science agricole. On crut avoir trouvé la pierre philosophale ; on criait partout : *Mort à l'improductive jachère ! Plus de prés ! Plus de pâturages !* Les bestiaux seront nourris toute l'année à l'étable, avec le trèfle vert en été, le trèfle sec et les racines en hiver ; la masse des fumiers en sera plus considérable. Tout sera désormais défriché, labouré, pioché; le sol, toujours en culture, produira sans relâche et alternativement pour la nourriture des bestiaux et pour celle de l'homme. Les récoltes de grains ne se succéderont plus immédiatement, ce qui épuisait le sol et l'infestait de mauvaises herbes; mais elles seront intercalées par des récoltes de racines fumées et sarclées, et par des récoltes de trèfle, produits précieux par eux-mêmes et par la préparation qu'ils donnent au sol pour la production des céréales. Le fumier ne sera plus appliqué directement aux récoltes de céréales, qu'il empoisonnait de mauvaises herbes, et que d'ailleurs il fait pousser plus en paille qu'en grain par l'excès de son hydrogène et l'insuffisance de son carbone, tant qu'il n'est pas complètement incorporé au sol; mais il sera appliqué aux plantes sarclées, où la pioche opère cette incorporation, et détruit, avant la semaille des céréales, les mauvaises herbes dont le fumier porte le germe dans le sol. Un labour profond donné avant la récolte sarclée ramènera à la surface une couche de terre neuve et reposée que le fumier et le sarclage rendront fertile, et, en augmentant ainsi l'épaisseur de la terre cultivée, on facilitera l'extension du chevelu et la nutrition des plantes, etc. , etc.

Ce système ainsi présenté avait quelque chose de spécieux, et il séduisit : on crut y voir un progrès immense, une ère nouvelle pour l'agriculture; des hommes de capacité s'acharnèrent de toutes parts à son exécution : il semblait que hors l'assolement quadriennal il n'y avait plus de salut pour l'agriculteur. On supputait déjà dans des livres l'accroissement de population qui devait en être la suite : des capitaux considérables y furent employés, les hébergeages et les greniers étaient agrandis pour recevoir les récoltes promises.

Voilà quel était le rêve, voici quel fut le réveil. Plusieurs agronomes se sont ruinés à la poursuite de l'œuvre; beaucoup d'autres, fatigués des sacrifices stériles qu'ils s'imposaient, ont quitté de dégoût la carrière agricole; quelques-uns, enfin, persistant avec une incroyable candeur à croire à l'infaillibilité du système dont ils avaient été ou les promoteurs ou les victimes, et dont ils n'ont point cessé de proclamer l'excellence, n'osant peut-être pas avouer qu'ils avaient été dupes, se sont vus néanmoins obligés de

chercher dans les profits d'établissements accessoires un abri
contre les pertes que le système leur faisait éprouver.

Au demeurant, il y a eu insuffisance de paille pour la litière ;
insuffisance de fourrage pour la stabulation permanente, à
moins d'y suppléer en modifiant le système par des semis de
luzerne ; impossibilité d'élever des moutons sans le modifier encore par la création de pâturages ; disette de grains ; frais énormes
de culture, de récolte et de conservation de racines toutes employées à l'alimentation dispendieuse des animaux et à la fabrication d'un fumier excessivement coûteux.

Telle est l'histoire de l'assolement quadriennal ; tel aussi il
apparaît sous le scalpel de l'euphorimétrie : système plus funeste
à l'agriculture que les deux fléaux réunis de la sècheresse et de
la grêle, en ce qu'il a fait déserter la pratique de l'art à ceux
qui pouvaient le mieux hâter ses progrès.

Mais je reviens à mon sujet ; et, en résumant tout ce que j'ai
dit sur la première question que j'avais à examiner, je crois être
fondé à conclure :

1º Qu'il y a un avantage évident à semer le trèfle seul plutôt
que de l'associer à une céréale, et que l'avantage est considérable
lorsqu'au lieu de trèfle il s'agit d'une luzerne ou d'un sainfoin qui
doivent durer plusieurs années, parce qu'alors, indépendamment des plus belles récoltes de fourrage obtenues, l'accroissement de fécondité que ces légumineuses procurent au sol, et qui
est proportionné à celle que déjà il possède, se multiplie par le
nombre d'années durant lequel elles y végètent ;

2º Que le trèfle, et à plus forte raison le sainfoin et la luzerne,
ne doivent jamais être semés dans une céréale de printemps qui
succède immédiatement à une céréale d'automne, parce qu'alors
le produit du fourrage est beaucoup moindre, la bonification du
sol presque nulle, et la fécondité décroissante ;

3º Que si quelquefois il y a un avantage de circonstance à semer
le trèfle dans une céréale d'automne quand le sol est pourvu d'une
haute fécondité, cet avantage ne saurait jamais exister à l'égard
de la luzerne et du sainfoin, parce que leur effet d'amélioration,
qui est moindre sur un sol déjà épuisé par la céréale d'automne,
se prolonge ainsi affaibli pendant tout le temps qu'ils occupent le

sol, au lieu de se borner à une seule année ; qu'ainsi il y a *toujours* profit à les semer *seuls*. Je le prouverai plus bas par des chiffres.

Venons à l'examen de la seconde question préliminaire que j'ai annoncée, et qui consiste à savoir quelle est au juste l'action fertilisante des légumineuses qui, comme la luzerne et le sainfoin, occupent le sol un certain nombre d'années, et de quelle manière ou en combien de temps s'opère cette communication de fécondité.

Il paraît résulter de faits positifs dont je rendrai compte plus tard, que lorsque la luzerne ou le sainfoin sont semés seuls, et il doit en être de même du trèfle, l'accroissement de fécondité qu'ils apportent annuellement au sol commence l'année de leur semaille ; tandis que quand on les a semés avec une céréale, cet accroissement n'a lieu que l'année suivante : c'est un avantage considérable que j'aurais pu ajouter à ceux que je mentionnais tout-à-l'heure, puisque c'est un nouveau gain de fécondité pour le sol.

Du reste, ce résultat peut s'expliquer facilement.

Lorsque les légumineuses sont semées seules, leur croissance est plus libre, plus rapide et plus vigoureuse ; l'amélioration résultant de leur végétation s'accomplit sans entrave sur un sol qui n'est occupé que par elles, et doit par conséquent se produire dès la première année. Au contraire, quand elles sont semées avec une céréale, leur végétation est faible, languissante, souvent même imperceptible jusqu'à ce que la céréale ait été enlevée ; et, dès-lors, leur effet d'amélioration est nécessairement suspendu ou empêché tant qu'elles n'ont pas pris complètement possession du sol, ce qui a lieu seulement la seconde année.

J'ai dit, dans une précédente lettre, que les légumineuses coupées en vert enrichissent le sol d'une quantité de fécondité proportionnée à celle déjà existante, et que cette addition de fécondité se renouvelle chaque année pendant toute leur durée, du moins tant que le sol n'a pas été envahi par les bromes ou autres graminées qui fleurissent et forment leurs graines avant la première coupe des légumineuses. Cela est vrai : mais toute la masse de fécondité ainsi accumulée pendant plusieurs années n'est pas en état d'être aspirée par la récolte de céréales qui suit immédiatement la légumineuse rompue ; une partie seulement est susceptible de subir la puissance d'absorption de cette première récolte de céréales; le surplus existe dans le sol à l'état de *rudiment* de fécondité, se décompose par degrés, et devient successivement soluble et disponible pour les récoltes suivantes. C'est ce qu'établissent encore ces mêmes faits dont je parlais il n'y a qu'un moment, et qui seront ultérieurement rapportés : en les soumettant à l'analyse euphorimétrique, on est conduit à ce résultat, que la fécondité produite dans le sol par une légumineuse vivace, emploie, pour arriver à l'état soluble, autant d'années qu'elle en a mis à s'y amasser.

Ainsi, un sol qui a 34° de fécondité quand il reçoit une luzerne, acquiert tous les ans 6° de plus. Au bout de 5 années, il possède 64°. Si, à cette époque, la luzerne est rompue pour y semer du blé, celui-ci ne prendra pas 40 p. 0/0 de 64°, mais seulement 40 p. 0/0 de 40 degrés, c'est-à-dire 16°, parce que des 30° apportés par la luzerne, il n'y en aura que 6 disponibles à ce moment. Les 24° restants de la fécondité primitive seront augmentés de 6 nouveaux degrés disponibles fournis par la luzerne; total, 30°. Une seconde récolte de blé en absorbera 40 p. 0/0 ou 12°; il restera 18°, auxquels s'ajouteront encore 6° disponibles; total, 24°. Une troisième récolte de blé absorbera 9°,60, et il restera 10°,40; 6 autres degrés devenus solubles porteront la fécondité à 24°,40. Une quatrième récolte de blé y prendra 8°,16; il restera 12°,24, qui, augmentés des 6 derniers degrés fournis par la luzerne, s'élèveront à 18°,24, dont une cinquième récolte de blé enlèverait 7°,30; et il n'y aurait plus dans le sol que 10°,94.

La répétition non interrompue des récoltes de blé est portée à l'excès dans cette hypothèse; mais il n'en demeure pas moins hors de doute que la dissolution lente et partielle que subissent les matériaux de fécondité fournis au sol par la végétation prolongée des légumineuses vivaces, ralentit l'épuisement rapide auquel aurait donné lieu la disponibilité immédiate de cette fécondité; épuisement si rapide, en effet, que sur les 64° supposés de fécondité totale,

la 1ʳᵉ récolte de blé aurait absorbé 25°,60, et laissé dans le sol 38°,40

la 2ᵉ	—	15,36	—	23,04
la 3ᵉ	—	9,22	—	13,82
la 4ᵉ	—	5,53	—	8,29
et la 5ᵉ	—	3,32	—	4,97

Cette fonte graduelle de la fécondité qui a été agglomérée dans le sol par une longue végétation des légumineuses, est connue de tous les praticiens, quoiqu'ils ne puissent pas la calculer avec autant de précision que l'euphorimétrie permet de le faire. Aussi, dans les localités du midi de la France, où la luzerne et le sainfoin sont cultivés avec autant d'intelligence que de soins et de succès, est-on dans l'usage, lorsqu'on les rompt, de lever trois et même quatre récoltes successives de céréales; et ces trois ou quatre récoltes, bien qu'elles se suivent sans interruption, sont presque toutes également abondantes.

S'il s'agissait ici d'une pure théorie qui ne reposât sur aucun fait, je me garderais bien de l'étayer par des raisonnements systématiques qui conduisent si souvent à l'erreur, surtout en agriculture; mais quand un fait existe, qu'il se reproduit constamment le même, l'intérêt de la science veut qu'il soit expliqué, afin qu'on puisse en tirer des conséquences plus justes et plus utiles. Or, ici l'explication vient, pour ainsi dire, au-devant de celui qui la cherche.

1º La première année où l'on rompt une luzerne ou un sainfoin par un seul coup de charrue, le sol n'est jamais assez divisé ou ameubli pour que les suçoirs de la céréale semée puissent fouiller toute la couche saturée de fécondité qui les environne; leur action est nécessairement circonscrite par la compacité du sol; une assez grande quantité de fécondité, même alors disponible, doit donc échapper à leurs atteintes, et rester en réserve pour les récoltes subséquentes;

2º Beaucoup de plantes de la luzerne survivent au coup de charrue donné pour la rompre, et repoussent avec vigueur dans le premier et même dans le deuxième blé qui suivent le défrichement: ce sont autant de matériaux qui se convertissent peu à peu en fécondité lorsque, ces plantes ayant succombé à des labours répétés, leurs débris entrent enfin en décomposition. A la vérité, le sainfoin résiste moins au premier labour; mais ses racines, plus ligneuses que celles de la luzerne, arrivent aussi plus lentement à une décomposition complète, ce qui produit le même effet pour la solubilité successive des éléments de fécondité.

3º Alors même que la charrue est parvenue à extirper toutes

les plantes, on comprend que les grosses racines fibreuses d'un sainfoin ou d'une luzerne qui ont végété avec vigueur pendant 4 ou 5 ans, ne sont entièrement putréfiées et réduites à l'état soluble qu'au bout de plusieurs années.

Ainsi s'explique cette diffusion partielle de la fécondité qui avait été accumulée dans le sol à l'état de matière brute par la longue végétation des légumineuses vivaces, et dont la répartition à l'état de fécondité disponible est morcelée en autant d'années que la légumineuse a eu de durée : de telle sorte que si une luzerne ou un sainfoin semés *seuls* dans un sol ayant 34° de fécondité, y ont végété pendant 4 ans avant d'être rompus, ils y auront introduit 6° par an, ou 24° dans les 4 ans ; le sol possède donc bien réellement 58° de fécondité ; et cependant, des 24° ajoutés par la luzerne ou le sainfoin, il n'y a, la première année, que 6° disponibles et en état de subir l'action absorbante des céréales ; la 2e année, 6 autres degrés ; puis encore 6° la 3e année ; et enfin 6° la 4e année.

J'ai promis de prouver par des chiffres qu'il y avait toujours un très-grand avantage à semer *seules* les légumineuses vivaces au lieu de les semer parmi des céréales sous le prétexte ridicule allégué par quelques agronomes, de protéger leur première végétation contre les effets de la sécheresse. Le moment est venu de faire cette preuve.

Supposons un sol de 44° de fécondité, dans lequel on sème d'abord du blé, puis de l'orge avec une luzerne qui est rompue après 3 années seulement de coupe, et qui est suivie de 2 récoltes successives de blé : total, 7 récoltes, dont 3 de blé, 1 d'orge et 3 de luzerne. La première récolte de blé absorbe 17°,60, et laissera 26°,40 ; la récolte d'orge qui vient après, enlève 6°,60, et laisse pour la végétation de la luzerne 19°,80, qui produisent des coupes évaluées, d'après le rapport conventionnel que j'ai adopté, à 3060 kilogrammes de foin par an, et un accroissement annuel de fécondité de 3°,16 ou 9°,48 en trois ans. Le premier blé qui suit la luzerne rompue exerce son action absorbante sur 19°,80 augmentés de 3°,16 de la fécondité fournie par la luzerne, en tout, 22°,96, dont il prend 9°,18 ; il reste 13°,78, auxquels sont ajoutés 3°,16 de fécondité disponible résultant des débris de la luzerne : total, $16°,94$; sur quoi le second blé qui suit la luzerne emporte $6°,78$, et il reste $10°,16$, plus $3°,16$ restant des débris de la luzerne : total du reliquat de la fécondité, $13°,32$.

Examinons maintenant l'hypothèse où, sur le même sol de $44°$, la luzerne serait semée *seule*, fauchée pendant les 3 années qui suivent la semaille, ce qui fait 4 années de durée, puis rompue et suivie de 2 récoltes de blé et 1 récolte d'orge ; total, 7 années, dont 1 en semaille de luzerne pâturée à l'automne, 3 en récoltes de fourrage, 2 en récoltes de blé, et 1 en récolte d'orge, et faisons le calcul : la luzerne, ayant 4 années de végétation complète dans un sol de $44°$, doit produire annuellement 8,800 kilogrammes de foin pendant les 3 années de coupe, et augmenter la fécondité de $8°$ par an ou $32°$ en 4 ans, qui deviennent propres à l'absorption par fractions annuelles de $8°$ chacune. Le premier blé qui suit la luzerne rompue, venant dans un sol de $44°$ augmentés de $8°$ solubles provenant de la luzerne, en tout $52°$, enlève $20°,80$, et laisse $31°,20$, auxquels s'ajoutent $8°$ nouveaux donnés par la luzerne, total $39°,20$. Le deuxième blé en retranche $15°,68$, et il reste $23°,52$, auxquels s'ajoutent encore 8 autres degrés émanés de la luzerne ; total, $31°,52$. L'orge en soustrait $7°,88$, et laisse $23°,64$, plus $8°$ restant des débris de la luzerne : le reliquat de la fécondité est donc ici de $31°,64$ au lieu de $13°,32$.

La récapitulation des produits donne par hectare :

Dans le 1er mode de culture,		Dans le 2e mode de culture,	
En blé, $29^h,36^l$, valant	$587^f 20^c$	En blé, $31^h,92^l$, valant	$638^f 40^c$
—orge, 10 98	— 115 29	—orge, 13 11	— 137 65
—paille, $6008^{k·g}$	— 180 24	—paille, $6642^{k·g}$	— 199 26
	882 73		975 31
—foin, $11880^{k·g}$	— 712 80	—foin, $26400^{k·g}$	— 1584 »
Total en argent... 1595 53		Total en argent... 2559 31	

En faisant abstraction du produit en foin, dont l'évaluation est hypothétique, mais qui sera, sans contredit, infiniment plus considérable dans le second cas que dans le premier, on voit que le produit en grain et en paille des 3 récoltes du second mode de culture de la luzerne, c'est-à-dire de celui où elle est semée *seule*, surpasse de 92 fr. 58 c. le produit des 4 récoltes du premier mode; et ce qui parle encore plus haut que tout le reste, c'est que celui-ci ne laisse dans le sol que 13°,32 de fécondité, tandis que celui-là y laisse 31°,64, c'est-à-dire 18°,32 de plus.

Ces résultats ne peuvent être contestés, à moins de nier trois vérités reconnues de tous les cultivateurs, même des moins éclairés : la première, que les céréales épuisent le sol; la seconde, qu'une légumineuse à fourrage améliore d'autant plus le sol que sa végétation est plus vigoureuse; et la troisième, que cette légumineuse vient beaucoup plus belle dans un sol fertile que dans un sol épuisé. Or, les résultats dont il s'agit ne sont que la conséquence mathématique et chiffrée de ces trois axiomes de pratique, que leur évidence de tous les jours met à l'abri de la controverse.

En résumant ce qui précède, nous devrons donc tenir pour certain :

1° Qu'il y a un très-grand avantage à semer *seules* les légumineuses à fourrage qui, comme la luzerne et le sainfoin, sont destinées à occuper le sol pendant plusieurs années;

2° Que, lorsqu'elles sont semées *seules*, l'accroissement de fécondité qu'elles apportent au sol commence l'année même de leur semaille, tandis qu'il ne commence que l'année suivante quand elles sont semées dans une céréale;

3° Que cette addition de fécondité, quand la légumineuse a été rompue, se répartit dans le sol à l'état disponible ou propre à l'absorption, en autant de fractions annuelles que la légumineuse elle-même a subsisté d'années.

Ces explications m'ont entraîné dans des développements un peu étendus, surtout pour de simples notions préliminaires. Mais, ces notions ayant pour but de nous guider dans la recherche de l'assolement le plus productif qu'il soit possible d'appliquer aux circonstances ordinaires de presque toutes les exploitations agricoles, l'importance du problème justifie la longueur des études qui préparent sa solution, à laquelle ma prochaine lettre sera entièrement consacrée.

FAUTES A CORRIGER DANS CETTE LETTRE.

Page 72, ligne 25, au lieu de 1,800 *kilogrammes de foin*, lisez 2,060 *kilogrammes de foin.* — Lignes 28 et 29, au lieu de 256 fr. 80 c. lisez 258 fr. 60 c. — Page 75, ligne dernière, au lieu de 3,575 fr. 48 c., lisez 3,566 fr. 48 c.

CINQUIÈME LETTRE.

Les explications que j'ai données jusqu'ici ont dû vous convaincre que l'euphorimétrie est une science toute mathématique. Sa base fondamentale repose sur des faits : elle ne se contente pas d'observer ces faits et de les enregistrer ; elle en mesure la dimension, si je puis ainsi dire ; elle les convertit en chiffres ; et alors, au lieu de raisonner, elle calcule. Un raisonnement peut éblouir et égarer ; mais une règle de trois ne peut pas tromper. Aussi, les conséquences qu'elle déduit ne sont pas seulement logiques : elles sont rigoureuses, mathématiques.

Si parfois elle a recours au simple raisonnement, c'est quand elle fait le choix des combinaisons sur lesquelles elle veut exercer ses calculs, afin de resserrer le cercle de ses épreuves et d'éviter d'innombrables et stériles tâtonnements. Ainsi, lorsqu'elle procède à la recherche de l'assolement le plus productif dans un cas donné, elle ne fait pas ses calculs sur toutes les séries possibles de récoltes ; ce serait une tâche sans bornes et sans utilité : elle prend pour guide des données déjà acquises, d'autant plus dignes de confiance qu'elles sont elles-mêmes le produit de calculs exacts et positifs ; elle élague du cadre de ses opérations tout ce qui n'a pas la probabilité d'un résultat de quelque valeur ; et elle fait ainsi, à l'aide du raisonnement, une première ébauche de son travail, qui a pour but de le simplifier et de l'abréger.

Ici, par exemple, où nous avons à trouver le meilleur assolement possible pour les circonstances ordinaires d'une exploitation rurale, nous devons mettre à profit tout ce que nous savons sur le meilleur emploi du fumier, sur la culture isolée des légumineuses vivaces à fourrage, et sur les effets de l'amélioration qu'elles apportent au sol.

Ainsi, nous savons que le fumier employé à haute dose élève rapidement la fécondité du sol; que cette grande et subite fécondité, sous l'influence d'autres agents de fertilisation, s'augmente encore en raison même du degré d'élévation où déjà elle se trouve; qu'elle peut durer long-temps en donnant d'abondants produits de toute espèce, si elle est utilisée avec intelligence et ménagement; que par conséquent *il y a une véritable économie de fumier à fumer abondamment*, puisque là où l'on a mis une forte dose de fumier, on peut se dispenser d'en remettre pendant 15 ou 20 ans, et porter ailleurs les ressources de ce genre que l'exploitation fournit chaque année.

Nous savons aussi qu'il y a un très-grand bénéfice à ne pas appliquer le fumier directement à la production des céréales, mais à l'appliquer d'abord aux légumineuses vivaces, comme la luzerne et le sainfoin, qui, pendant toute la durée de leur existence, apportent au sol un accroissement annuel de fécondité proportionné à celle dont il est déjà pourvu.

Nous savons, enfin, qu'on trouve un autre profit considérable à semer *seules* les légumineuses vivaces, au lieu de les semer dans une céréale.

Guidés dans nos recherches par ces notions, qui sont le résultat de calculs incontestables, nous combinerons un projet d'assolement dans lequel elles devront recevoir une application simultanée.

Ainsi, 1o nous débuterons par une forte et durable fumure qui portera soudainement le sol à une haute fécondité susceptible encore d'un accroissement proportionnel à celui déjà acquis par l'application du fumier.

2o Le sol ainsi fortement fumé ne recevra pas immédiatement une céréale qui dépenserait la fécondité prématurément et sans profit; mais il recevra une légumineuse vivace, qui, loin de la dissiper, y ajoutera libéralement, et la consolidera dans le sol.

3° Cette légumineuse, qui devra être préférablement une luzerne, parce que son fourrage est plus abondant, sera semée *seule*, afin qu'elle développe toute son action productive et ses plus grands effets d'amélioration.

4° Après 5 années de végétation, dont 4 de pleines récoltes, qui auront enrichi le sol jusqu'à saturation de fécondité disponible et d'éléments bruts de fécondité, la luzerne sera rompue, et 3 ou 4 récoltes consécutives de céréales feront dégorger au sol cette pléthore de fécondité.

5° Puis, une nouvelle légumineuse à fourrage, un sainfoin par exemple, sera semé *seul* et sans fumier; et, après 4 années de végétation, il sera rompu et remplacé aussi par 3 ou 4 récoltes successives de céréales; après quoi la rotation recommencera par une très-forte fumure.

J'entends d'ici les maîtres agronomes se récrier contre la violation flagrante de leur système d'alternation des récoltes, surtout pour les céréales, entre lesquelles ils prescrivent rigoureusement d'intercaler toujours des récoltes d'un autre genre. Qu'ils veuillent bien suspendre leur réprobation, au moins jusqu'après la lecture entière de cette lettre! Je les prie de croire que, comme eux et plus qu'eux peut-être, j'ai été engoué de l'assolement quadriennal dit perfectionné. Il a fallu bien des années et une étude approfondie des vrais principes de l'agriculture, tels que l'euphorimétrie les enseigne, pour détruire mes illusions, me dévoiler la ruine que ce perfide système recèle dans ses flancs, et me persuader enfin de l'abandonner : on ne renonce pas sans peine, en effet, à une chimère qu'on a long-temps caressée. L'euphorimétrie, je l'espère, leur rendra le même service qu'à moi : car elle a surtout cet avantage inappréciable, que, faisant connaître d'avance et en quelques heures les résultats de tous les systèmes possibles de culture sans obliger d'attendre la marche lente du temps et des expériences sur le terrain, elle empêche qu'on se prévienne pour aucun, parce qu'elle ne laisse point de prise à l'imagination, et que devant elle toute la poésie de l'agriculture se retire pour faire place à l'austérité des chiffres.

Au reste, cette esquisse ainsi ébauchée par le raisonnement d'après des données déjà fournies par le calcul, n'est point une vaine théorie qu'aucune exécution n'ait encore sanctionnée : un assolement analogue est pratiqué dans la plaine de Nîmes avec un succès éclatant qui tend à le propager par imitation dans les contrées environnantes.

M. de Dombasle, qui exerce l'agriculture avec plus de zèle que de profit, et qui écrit sur cet art avec un talent qui fait vivement regretter de le voir marcher à côté des principes fondamentaux de la science, a publié, dans le 5ᵉ volume des *Annales agricoles de Roville*, page 428 et suivantes, deux lettres de M. Vincent, pasteur à Nîmes, qui sont dignes de fixer l'attention de ceux qui, abjurant tout esprit de système, ne s'attachent qu'à la logique des faits. Ces deux lettres, ne contenant qu'une exposition simple de faits et de résultats, doivent être citées textuellement :

» Nous suivons dans la plaine du Vistre, dit M. Vincent dans » sa première lettre, un assolement qui nous réussit assez bien. » Nous débutons par une luzerne que nous fumons au printemps » avec 54 *fortes charretées de fumier par hectare*. Ce fumier » vaut aujourd'hui 10 fr. la charretée. Nous n'avons presque » rien cette année-là. Mais, pendant les quatre années suivantes, » nous avons eu 5 coupes 360 quintaux de luzerne sèche, que » nous vendons de 1 fr. 75 c. à 2 fr. le quintal ; ou bien nous » vendons toutes les coupes de l'année en bloc et sans frais pour » nous, environ 550 fr. par hectare.

» Après les 4 récoltes de luzerne, nous en avons 4 de froment » sans fumer : *le froment rend 10 ou 12 pour un.*

» Après les blés, en perdant une année, nous semons un sain» foin au mois de mars. Il porte 5 récoltes sans fumier, et nous » rend pour chacune 180 quintaux par hectare, plus environ » 40 de regain d'été, plus une valeur d'environ 72 fr. en her» bage d'hiver ; soit pour le tout environ 400 fr. en argent.

» Après le sainfoin, et toujours sans fumier, nous mettons 5 » blés et 1 avoine, et nous recommençons notre assolement par » la luzerne ; en sorte que nous avons :

» 1 année perdue pour semer la luzerne, avec un pacage
    » d'hiver valant environ.............. 72 f. l'hectare.
» 4 années, luzerne, valant chacune...... 550
» 4 années, froment, ou la dernière en avoine.
» 1 année perdue pour semer le sainfoin,
    » avec un pacage d'hiver valant...... 72
» 3 années, sainfoin, valant chacune...... 400
» 3 années, froment.
» 1 année, avoine.

    ____

» 17 années, avec un seul et fort fumier.

» Tout le succès de cet assolement repose sur la bonne ré-
» ussite de la luzerne. Les 3 blés de suite viennent fort beaux. A
» la fin, la folle avoine nous chasse sans que la terre soit épuisée :
» le sainfoin ou la luzerne l'extirpent parfaitement.

» .... Les terres autour de la ville sont très-divisées, et beau-
» coup de gens sont fermiers, par parcelles, de 20 propriétaires
» différents. Le prix courant du fermage d'un hectare est aujour-
» d'hui de 190 à 200 fr.

» J'ai pensé que ces détails vous seraient agréables : ils sont
» exacts pour ce qu'on appelle la plaine de Nîmes, c'est-à-dire
» un peu moins d'une lieue carrée. Plus loin, les cultures chan-
» gent ; la vigne et les mûriers paraissent. Cependant cet asso-
» lement gagne dans les plaines du Gordon, dans celles du Bi-
» lourle, de Saint-Gilles et ailleurs. »

— « Quatre récoltes de céréales successives ! ... s'écrie M. de
» Dombasle ; un assolement de 17 ans sans une seule jachère,
» sans une récolte de plantes sarclées ! ... Quelle monstruosité
» aux yeux de l'homme nourri des doctrines de l'agriculture
» moderne ! ... »

Ce langage est bien celui d'un homme dont l'esprit est subjugué
par des idées préconçues qu'il ne peut se résoudre à sacrifier
même à l'évidence des faits.

— « Je sais, ajoute modestement le bon pasteur de Nîmes
» dans sa seconde lettre, qu'il y a bien à dire contre quelques
» parties de l'assolement dont je vous ai parlé dans une de mes
» précédentes lettres : il souille la terre vers la 3ᵉ ou 4ᵉ récolte
» de grains ; la folle avoine et le coquelicot surtout nous font une

» guerre cruelle. Quand la folle avoine prend le dessus , nous
» semons de l'avoine pour couper en vert : pour peu que le prin-
» temps soit pluvieux, nous recueillons 200, 250 et jusqu'à 300
» quintaux métriques de fourrage par hectare. Ce fourrage se
» vend , suivant les années, 1 fr. 50 c. à 2 fr. le quintal. Je crois
» que cela paie la rente encore mieux que les pommes de terre ,
» et la culture en est très-facile. Après, on met encore un blé et
» puis une avoine.

» En général , notre affaire est sûre dès que nous avons bien
» fumé notre terre , et que notre luzerne a bien réussi. Dès lors ,
» elle donne 4 ou 5 pleines récoltes à 5 coupes par an; *elle net-*
» *toie bien la terre*, peut supporter ensuite 3 blés et 1 avoine qui
» seront très-vigoureux et pas trop gâtés de mauvaises herbes.
» Un sainfoin viendra ensuite très-fort et très-haut, qui, après
» une année perdue pour le semer au printemps, donnera 3 ré-
» coltes pleines avec regain et pacage d'hiver de première qua-
» lité , et préparera encore 2 ou 3 bons blés et 1 avoine. Pensez-
» vous que des récoltes sarclées puissent nous donner d'aussi
» heureux résultats?... Je sais que M. de Gasparin, à Orange, a
» essayé la culture de la betterave et en recueille beaucoup. Ce-
» pendant je me souviens que, dans une conversation avec lui,
» nous comparâmes le produit des betteraves avec celui de la
» luzerne, et nous trouvâmes, 1° que la récolte en betteraves
» coûte plus à établir en engrais et en travail que celle de la lu-
» zerne; 2° qu'avec ces frais, la betterave ne dure qu'un an, et
» la luzerne 4 ou 5; 3° qu'une année de luzerne produit plus de
» nourriture qu'une année de betteraves, même en défalquant
» de la luzerne, par chaque année productive, le quart de la
» rente et de l'intérêt des avances pour compenser le défaut de
» récolte pendant l'année où l'on établit la luzerne; à quoi j'i-
» magine qu'il faut ajouter, 4° le meilleur état de fertilité de la
» terre après cinq ou six ans de repos, où elle a recueilli tous
» les débris de la luzerne, des insectes, etc., en même temps
» qu'*elle s'est complètement débarrassée de toutes les herbes*
» *qui la souillaient. Après la luzerne la terre est très-nette.*
» Il faut compter aussi un peu de luzerne qu'on recueille dans
» l'année où on l'établit, et surtout celle que l'on recueille

» après avoir levé les deux premiers blés que l'on sème après
» elle.... L'on obtient le fumier des boueurs ou de cheval à
» 10 fr. la charretée de 3 à 4 colliers par un bon chemin de
» plaine.

» Dans les endroits où l'on n'a pas cette ressource, rien ne
» serait plus facile que d'établir cet assolement, en faisant con-
» sommer tous les fourrages par des bêtes à laine pour augmen-
» ter les engrais. Il faudrait commencer par les sainfoins, qui
» viennent assez sans fumier, et employer tous les ans son fu-
» mier à faire des luzernes. Mais cela demande des avances et
» des sacrifices; et quelque bien payés qu'ils doivent être dans la
» suite, les paysans ne les font pas. S'ils ont cinquante quintaux
» de fourrage, ils se hâtent de les vendre : dès-lors ils sont ré-
» duits à la jachère bisannuelle, et leurs biens sont toujours
» épuisés. Cela a lieu à deux lieues d'ici, dans des terres *meil-*
» *leures* que les nôtres. »

A cela, que réplique M. de Dombasle? — « Puisque ce mode
» de culture réussit, dit-il, quel homme raisonnable oserait le
» blâmer? Ou plutôt, quel cultivateur expérimenté ne recon-
» naîtra pas qu'il serait bien difficile de tirer d'un sol des ré-
» coltes plus lucratives avec moins de frais de culture? Cette
» déviation si remarquable des principes généraux de la *bonne*
» *agriculture* paraît tenir à cette seule circonstance, que le sol
» dont il s'agit ne produit spontanément, du moins en quantité
» suffisante pour faire un tort considérable aux récoltes, que
» des plantes nuisibles qui possèdent la propriété de se laisser
» facilement détruire par la luzerne ou par le sainfoin. *Si le*
» *chiendent pouvait se propager dans ce terrain*, les récoltes
» ne paieraient bientôt plus les frais avec un assolement de ce
» genre, et les prairies artificielles n'y auraient pas plus de suc-
» cès que le froment. »

On retrouve là encore l'agronome imbu des principes de
l'assolement quadriennal, de l'alternation méthodique des récoltes, de la nécessité des récoltes sarclées comme unique moyen
de nettoyer le sol et de le préparer à produire des céréales.
M. de Dombasle ne cherche point à se rendre compte de l'influence
que cet assolement doit nécessairement exercer sur le sol, et

qu'il y exerce en effet, *puisque ce mode de culture réussit*; il ne réfléchit pas que 54 *fortes charretées de fumier par hectare* et une luzerne semée *seule* qui végète pendant 5 ans sur cette forte fumure, changent véritablement l'état du sol, et lui communiquent une fécondité extraordinaire qui explique les résultats obtenus : préoccupé de ce qu'il appelle les *principes de la bonne agriculture*, il ne peut s'empêcher de les défendre en opposant à l'autorité de faits certains et positifs des raisonnements sans valeur et des suppositions au moins hasardées. *Si le chiendent*, dit-il, *pouvait se propager dans ce terrain*, l'assolement ne vaudrait pas les frais de culture. Mais le chiendent peut-il se propager, peut-il vivre dans un sol où l'on vient de mettre 54 *fortes charretées de fumier par hectare* et une luzerne semée *seule*? N'est-il pas étouffé par la végétation forte et épaisse de cette légumineuse? Et peut-on craindre de le voir reparaître lorsqu'on ne laisse pas la luzerne subsister plus de 5 ans?

M. Vincent ne parle point, il est vrai, du *chiendent* en particulier, pas plus qu'il ne dénomme les autres mauvaises herbes; mais il dit à plusieurs reprises que la luzerne *nettoie bien la terre*, qu'elle *la débarrasse de toutes les herbes qui la souillaient*, qu'*après la luzerne la terre est très-nette*; et personne ne sera tenté de le nier lorsqu'on sait comment elle est semée dans la plaine de Nîmes.

Ne cherchons donc pas, par engouement pour de faux principes, à lutter contre l'évidence des faits et à repousser l'enseignement qu'ils viennent nous offrir : autrement, la science ne marcherait jamais; elle ne ferait que croupir dans l'ornière fatale que lui ont creusée des systèmes empiriques et désastreux.

Mais je me hâte de quitter ce ton polémique, pour revenir à l'assolement de la plaine de Nîmes, que nous devons soumettre aux calculs de l'euphorimétrie, afin d'en comparer les résultats à ceux de l'assolement triennal et de l'assolement quadriennal.

Et d'abord, je ferai remarquer que les résultats annoncés par M. Vincent, soit quant au non-épuisement du sol après quatre récoltes successives de céréales, soit quant au produit de 10 ou 12 pour un obtenu de trois récoltes successives de blé, confirment pleinement les deux propositions que j'ai avancées dans ma précédente lettre, tant au sujet de l'accroissement immédiat de fécondité opéré par la luzerne lorsqu'elle est semée *seule*, qu'au sujet du fractionnement de cette fécondité en autant de portions annuellement disponibles que la luzerne elle-même a végété d'années. En effet, si la luzerne ne commençait pas à accroître la fécondité du sol dès la première année où elle est semée *seule*, et si la masse entière de fécondité qu'elle y introduit était toute disponible quand on la rompt pour y semer le premier blé, il arriverait, contrairement aux résultats constatés par M. Vincent, que le sol, loin de se maintenir en état de fécondité, se trouverait fortement épuisé par 4 récoltes successives de céréales, et que le froment, au lieu de produire 10 ou 12 pour un, donnerait une première récolte excessivement abondante, suivie d'une seconde beaucoup plus faible et d'une troisième extrêmement réduite.

J'avais donc raison de dire, dans ma lettre précédente, que ces deux propositions n'étaient pas seulement justifiées par le raisonnement, mais qu'elles étaient sanctionnées par des observations faites sur une vaste échelle. C'est ainsi qu'au lieu de repousser les faits en leur supposant une origine exceptionnelle ou anormale, il faut, au contraire, les faire tourner au profit de la science par la déduction de règles qui en sont la conséquence rigoureuse.

Pour déterminer par le calcul euphorimétrique les produits de l'assolement de la plaine de Nimes, afin de les comparer à ceux des assolements triennal et quadriennal, je supposerai chacun d'eux pratiqué sur un hectare de terrain ayant une fécondité moyenne de 20°; j'appliquerai à chaque rotation de l'assolement triennal 9 voitures de fumier, et à chaque rotation de l'assolement quadriennal 11 voitures, *quantités égales* aux 54 voitures qui sont données à l'assolement de la plaine de Nimes pour une seule rotation de 17 ans; et les résultats seront inscrits dans des tableaux séparés, comme je l'ai fait jusqu'à présent.

1ᵉʳ TABLEAU.

ASSOLEMENT DE LA PLAINE DE NIMES,

avec un seul fumage de 54 voitures par hectare pour 17 ans.

		FÉCONDITÉ			
ANNÉES.	RÉCOLTES.	AJOUTÉE.	ABSORBÉE.	TOTALE.	DISPONIBLE.
	Fécondité actuelle....	»	»	20°	20°
1.	Luzerne semée *seule* et fumée à 54 voit.	68°	»	88	88
2, 3, 4, 5.	Luzerne fauchée....	56	»	144	88
6.	Blé..............	»	35,20	108,80	66,80
7.	Blé..............	»	26,72	82,08	54,08
8.	Blé..............	»	21,65	60,45	46,45
9.	Avoine............	»	11,61	48,84	48,84
10.	Sainfoin semé *seul* sans fumier.......	8,96	»	57,80	57,80
11, 12, 13.	Sainfoin fauché.....	26,88	»	84,68	57,80
14.	Blé.............	»	23,12	61,56	43,64
15.	Blé.............	»	17,46	44,10	55,14
16.	Blé.............	»	14,06	50,04	30,04
17.	Avoine...........	»	7,51	22,53	22,53
	Bonification du sol...........			2°53	

Fécondité absorbée :

Par le blé, 138°,09, produisant 120 hectolitres
    92 litres, valant........................ 2418 f. 40 c.
Par l'avoine, 19°,12, produisant 44 hectolitres 66
    litres, valant........................ 334   95
Paille, 23797 kilogrammes, valant............ 713   91

    Total en argent du grain et de la paille.... 3467   26

         A reporter.......... 3467   26

Report. 3467ᶠ26ᶜ

Fécondité sur laquelle ont végété les 4 récoltes de
  luzerne, 296°, produisant 59200 ki-
  logrammes de foin, valant. . . . .   3552 f.   » cᵗ ⎫
Fécondité sur laquelle ont végété les   ⎬ 4870 20
  3 récoltes de sainfoin, 146°,52,   ⎪
  produisant 21970 kilogrammes de   ⎭
  foin, valant.   1318   20

        Total général en argent. 8337 46
Produit brut moyen par hectare et par année. . .   490 42

Les produits en grain et en foin qui sont obtenus ici paraissent
être un peu inférieurs à ceux annoncés par M. Vincent; mais il est
facile de trouver l'explication de cette différence. Je ne crois pas
qu'il faille la chercher dans ce que le sol de la plaine de Nîmes
aurait peut-être un peu plus des 20° de fécondité naturelle que
je suppose au début de l'assolement, mais plutôt dans ce que les
54 *fortes charretées de fumier* dont parle M. Vincent ont très-
vraisemblablement un poids de plus de 1000 kilogrammes chacune, et par conséquent ajoutent au sol plus de 54° de fécondité :
car il dit positivement, à la fin de sa seconde lettre, que ce sont
des *charretées de trois à quatre colliers, par un bon chemin
de plaine* : et pour peu qu'on veuille admettre que ces 54 *fortes
charretées* pèsent 1230 à 1300 kilogrammes chacune, ce qui
ne me semble pas contestable, on y trouvera l'équivalent de 69
à 70 voitures *normales* du poids de 1000 kilogrammes, lesquelles, portant la fécondité à 89 ou 90°, donneraient des produits en grain et en foin à peu près identiques à ceux indiqués
par M. Vincent.

Si je fais cette observation, c'est pour prévenir les objections
qui pourraient être élevées contre la précision du calcul euphorimétrique. D'ailleurs, j'ai eu soin d'avertir que les nombres qui
servaient de base à l'évaluation des produits en foin étaient des
nombres *artificiels* ou des formules de convention : circonstance
qui peut donner lieu à des évaluations dépourvues d'une exactitude rigoureuse, sans que les nombres eux-mêmes en soient
moins propres à servir de mesure pour comparer entre eux les
produits des divers assolements.

2ᵉ TABLEAU.

ASSOLEMENT TRIENNAL

fumé à 9 voitures par rotation (54 voitures en 17 ans).

		FÉCONDITÉ		
		AJOUTÉE.	ABSORBÉE.	RESTANTE.
	Fécondité actuelle. . . .	»	»	20 degrés.
ANNÉES.	RÉCOLTES.			
1.	Jachère fumée à 9 voit. .	14°,30	»	54°,30
2.	Blé.	»	13°,72	20,58
3.	Avoine.	»	5,15	15,45
4.	Jachère fumée à 9 voit. .	13,80	»	29,25
5.	Blé.	»	11,69	17,54
6.	Avoine.	»	4,39	13,15
7.	Jachère fumée à 9 voit.	13,61	»	26,76
8.	Blé.	»	10,70	16,06
9.	Avoine.	»	4,02	12,04
10.	Jachère fumée à 9 voit.	13,50	»	25,54
11.	Blé.	»	10,22	15,32
12.	Avoine.	»	3,38	11,49
13.	Jachère fumée à 9 voit.	13,44	»	24,93
14.	Blé.	»	9,97	14,96
15.	Avoine.	»	3,74	11,22
16.	Jachère fumée à 9 voit. .	13,42	»	24,64
17.	Blé.	»	9,86	14,78
	Détérioration du sol (1). .			5,22

Fécondité absorbée:

Par le blé, 66°,16, produisant 57 hectolitres 89

    litres, valant. . . . . 1157 f. 80 c.

Par l'avoine, 21°,13, produisant 49 hectolitres 36

    litres, valant. 370 20

Paille, 13575 kilogrammes, valant. 407 25

                            Total en argent. 1935 25

          Produit brut moyen par année. 113 83

(1) Après l'avoine de la 18ᵉ année, qui enlève 3°,70, la détérioration du sol
est de 8°,92.

3e TABLEAU.

ASSOLEMENT QUADRIENNAL

fumé à 11 voitures par rotation (55 voitures en 17 ans).

		FÉCONDITÉ		
		AJOUTÉE.	ABSORBÉE.	RESTANTE.
	Fécondité actuelle....	»	»	20 degrés.
ANNÉES.	RÉCOLTES.			
1.	Pom. de t. fum. à 11 voit.	16,50	9,15	27,57
2.	Orge.	»	6,84	20,55
5.	Trèfle.	5,50	»	25,85
4.	Blé.	»	9,55	14,50
5.	Pom. de t. fum. à 11 voit.	15,93	7,56	22,67
6.	Orge.	»	5,67	17,00
7.	Trèfle.	2,60	»	19,60
8.	Blé.	»	7,84	11,76
9.	Pom. de t. fum. à 11 voit.	15,67	6,86	20,57
10.	Orge.	»	5,14	15,43
11.	Trèfle.	2,28	»	17,71
12.	Blé.	»	7,08	10,63
13.	Pom. de t. fum. à 11 voit.	15,56	6,55	19,64
14.	Orge.	»	4,91	14,73
15.	Trèfle.	2,14	»	16,87
16.	Blé.	»	6,75	10,12
17.	Pom. de t. fum. à 11 voit.	15,51	6,41	19,22
	Détérioration du sol (1)........			0,78

Fécondité absorbée :

Par le blé, 31°,20, produisant 27 hectolitres 50
litres, valant............................ 546 f. » c.

Par l'orge, 22°,56, produisant 37 hectolitres 54
litres, valant............................ 394 17

Paille, 8260 kilogrammes, valant............. 247 80

Total en argent du grain et de la paille.... 1187 97

A reporter......... 1187 97

(1) A la fin de la rotation, la détérioration du sol est de 10°,11.

$$\textit{Report.} \dots\dots\dots 1187^f 97^c$$

Fécondité sur laquelle ont végété les quatre ré-
   coltes de trèfle, 67°,69, produisant 11500
   kilogrammes de foin, valant. . . . . 690 f.
Fécondité sur laquelle ont végété les cinq
   récoltes de pommes de terre, 123°,81,
   produisant 412 hectolitres, valant. . . . 824

                             1514 »

        Total général en argent. 2701 97
        Produit brut moyen par année. 158 93

Je dois aller au-devant d'une objection qui serait fondée. On dira sans doute que je ne distribue point une assez large part de fumier aux assolements triennal et quadriennal; qu'à la vérité ils en reçoivent, l'un 54 voitures, et l'autre 55 voitures en 17 ans, autant que l'assolement de la plaine de Nîmes, qui en reçoit aussi 54 voitures; mais qu'on les donne toutes à celui-ci dès la première année, ce qui exige une avance, tandis qu'on ne les alloue aux deux autres que par fractions de 9 voitures tous les 3 ans, ou de 11 voitures tous les 4 ans. Or, ajoutera-t-on, l'assolement de la plaine de Nîmes doit être chargé des intérêts de cette avance, et même des intérêts d'intérêts.

Je reconnais que cette observation est parfaitement juste mais elle se réfère à une question toute financière, dont j'ai dû ne m'occuper qu'après la question scientifique : il fallait d'abord comparer les produits que l'on obtenait des trois assolements avec la *même quantité* de fumier. Maintenant, venant à la question financière, qui a, j'en conviens, une très-haute importance, au lieu de la résoudre en passant au débit de l'assolement de Nîmes la valeur du fumier avancé, et les intérêts composés de cette valeur, ce qui ne diminuerait que faiblement son excédant énorme, j'en fais le calcul, au profit de la science, de la manière suivante :

J'évalue à 12 fr. la voiture de fumier du poids de 1,000 kilogrammes (1). Les 54 voitures données à l'assolement de Nîmes font la somme de 648 fr. L'assolement triennal recevant 9 voitu-

---

(1) Le chiffre de cette évaluation est tout-à-fait arbitraire : qu'on le porte plus haut ou plus bas, le résultat sera le même.

res la première année, c'est une somme de 108 fr. à retrancher des avances faites à l'assolement de Nîmes : ce qui les réduit au capital de 540 fr., dont il doit les intérêts et intérêts d'intérêts pendant 3 ans, époque à laquelle ce capital, avant de continuer à produire des intérêts, doit être diminué de 108 autres fr., valeur de 9 nouvelles voitures données à l'assolement triennal. En poursuivant ainsi ce calcul, on trouve qu'au bout de 17 ans les avances faites à l'assolement de Nîmes, y compris tous intérêts composés, dépassent la valeur du fumier donné à l'assolement triennal de 422 fr. 57 c.

En suivant la même marche pour régler avec l'assolement quadriennal le compte du fumier avancé à l'assolement de Nîmes, et des intérêts composés de cette avance, c'est-à-dire en retranchant dès la première année et tous les 4 ans, du capital productif d'intérêts, la valeur des 11 voitures de fumier données à chaque rotation de l'assolement quadriennal, le montant de cette avance et intérêts composés s'élève, au bout de 17 ans, à 447 fr. 34 c.

Or, si l'on porte le fumage de l'assolement triennal à 12,59 voitures pour chacune des 5 premières rotations, et à 12,50 pour la dernière, au lieu de 9 qu'il recevait par rotation, sa dépense en fumier balancera juste l'avance en capital et intérêts composés faite pour le même objet à l'assolement de Nîmes; et, ainsi, au lieu de 54 voitures en 17 ans, il en recevra 75,45, c'est-à-dire 21,45 de plus que l'assolement de Nîmes.

De même, en donnant à l'assolement quadriennal, au lieu de 11 voitures de fumier par rotation, 15,36 voitures pour chacune des 4 premières, et 15,40 voitures pour la 5e ou dernière, l'avance de fumier en capital et intérêts composés faite à l'assolement de Nîmes se trouvera exactement compensée à son égard; et de cette manière il en recevra, dans l'espace de 17 ans, 76,84 voitures au lieu de 54, c'est-à-dire 22,84 de plus que l'assolement de Nîmes.

On pourrait assurément, pour éviter les fractions de voitures de fumier, se montrer libéral envers les assolements triennal et quadriennal sans compromettre l'immense supériorité de l'assolement de Nîmes, en donnant au premier 13 voitures entières

par rotation, et au second 16 voitures aussi par rotation ; ce qu
ferait, en 17 ans, 78 voitures pour l'un et 80 pour l'autre : mais
comme on leur impute en nature, soit les intérêts de l'avance, soit
même les intérêts d'intérêts, la générosité serait ici déplacée.
D'ailleurs, il importe de connaître le rapport exact des produits
de ces trois assolements, en les plaçant dans des positions parfaitement égales de *dépense* en fumier. C'est pourquoi nous allons chercher les résultats de ces nouveaux fumages portés aux
quantités mathématiquement nécessaires pour compenser en
capital et intérêts composés le montant de l'avance faite à l'assolement de Nîmes.

4ᵉ TABLEAU.

ASSOLEMENT TRIENNAL

recevant 75,45 voitures de fumier en 17 ans.

		FÉCONDITÉ		
		AJOUTÉE.	ABSORBÉE.	RESTANTE.
	Fécondité actuelle....	»	»	20 degrés.
ANNÉES.	RÉCOLTES.			
1.	Jachère fumée à 12,59 v.	18°,24	»	38°,24
2.	Blé.............	»	15°,30	22,94
3.	Avoine.............	»	5,74	17,20
4.	Jachère f. à 12,59 voit.	17,96	»	35,16
5.	Blé.............	»	14,06	21,10
6.	Avoine.............	»	5,28	15,82
7.	Jachère f. à 12,59 voit.	17,83	»	35,65
8.	Blé.............	»	13,46	20,19
9.	Avoine.............	»	5,05	15,14
10.	Jachère f. à 12,59 voit.	17,76	»	32,90
11.	Blé.............	»	13,16	19,74
12.	Avoine.............	»	4,94	14,80
13.	Jachère f. à 12,59 voit.	17,72	»	32,52
14.	Blé.............	»	13,01	19,51
15.	Avoine.............	»	4,88	14,63
16.	Jachère f. à 12,50 voit.	17,61	»	32,24
17.	Blé.............	»	12,90	19,34
	Détérioration du sol (1).......... 0,66			

Fécondité absorbée :

Par le blé, 81°,89, produisant 71 hectolitres 65
    litres, valant........................... 1433   » c.

Par l'avoine, 25°,89, produisant 60 hectolitres 48
    litres, valant......................... 453   60

Paille, 16750 kilogrammes, valant............ 502   50

        Total en argent............ 2389   10

    Produit brut moyen par année...... 140   53

(1) Après l'avoine de la 18ᵉ année, qui enlève 1°,84, la détérioration du sol
serait de 5°,50.

5ᵉ TABLEAU.

ASSOLEMENT QUADRIENNAL

recevant 76,84 voitures de fumier en 17 ans.

ANNÉES	RÉCOLTES.	FÉCONDITÉ AJOUTÉE.	ABSORBÉE.	RESTANTE.
	Fécondité actuelle....	»	»	20 degrés.
1.	Pom. de t. f. à 15,36 voit.	21,29	10,32	30,97
2.	Orge..................	»	7,74	23,23
3.	Trèfle................	3,84	»	27,07
4.	Blé..................	»	10,83	16,24
5.	Pom. de t. f. à 15,36 voit.	20,92	9,29	27,87
6.	Orge..................	»	6,07	20,90
7.	Trèfle................	3,38	»	24,28
8.	Blé..................	»	9,71	14,57
9.	Pom. de t. f. à 15,36 voit.	20,75	8,83	26,49
10.	Orge..................	»	6,62	19,87
11.	Trèfle................	3,17	»	23,04
12.	Blé..................	»	9,22	13,82
13.	Pom. de t. f. à 15,36 voit.	20,67	8,62	25,87
14.	Orge..................	»	6,47	19,40
15.	Trèfle................	3,08	»	22,48
16.	Blé..................	»	8,99	13,49
17.	Pom. de t. f. à 15,40 voit.	20,68	8,54	25,63
	Bonification du sol (1)........			5,63

Fécondité absorbée :

Par le blé, 38º,75, produisant 33 hectolitres

91 litres, valant......................... 678 f. 20 c.

Par l'orge, 27º,80, produisant 46 hectolitres 26

litres, valant......................... 485　73

Paille, 10230 kilogrammes, valant............ 306　90

Total en argent du grain et de la paille.... 1470　83

A reporter...... 1470　83

(1) Cette bonification n'est qu'apparente : car, à la fin de la rotation, qui n'est ici que commencée, il y a détérioration du sol de 6º,64.

Report......... 1470ᶠ83 »

Fécondité sur laquelle ont végété les quatre récoltes de trèfle, 83ᵃ,40, produisant
14170 kilogrammes de foin, valant   850 f. 20 c.

Fécondité sur laquelle ont végété les
  cinq récoltes de pommes de terre,   } 1882 20
  154ᵃ,98, produisant 516 hectolitres,
valant..................... 1032   »

Total général en argent.......... 3353 03
Produit brut moyen par année......... 197 24

Ainsi, en faisant abstraction des superbes produits en fourrage
que donne l'assolement de la plaine de Nîmes, et en le comparant
avec l'assolement triennal, seulement quant à la production du
grain et de la paille, on voit que, malgré que celui-ci reçoive et
consomme 21,45 voitures de fumier de plus par hectare dans
le cours de 17 ans, ses produits en grain et en paille dans le
même laps de 17 années sont inférieurs de 1,078 fr. 16 c. par
hectare à ceux de l'assolement Nîmois, ce qui fait une différence
moyenne par année et par hectare de 62 fr. 24 c. Et combien de
labours, combien de frais de culture de plus! Ajoutons que l'assolement triennal ne peut se suffire à lui-même; qu'il ne peut
fonctionner sans une annexe de prés naturels qui lui fournisse le
fourrage indispensable à la fabrication de l'énorme quantité de
fumier qu'engloutit cette culture dévorante, où la fécondité du
sol, épuisée à produire sans cesse des céréales, ne trouve de sou-
lagement que dans le chômage dispendieux de la jachère et dans
le secours presque toujours insuffisant d'un fumage aussitôt
dissipé.

Quant à l'assolement quadriennal, il révèle ici, comme en toute
circonstance, l'infériorité notable de ses produits en grain et en
paille; ils sont de plus de moitié moindres que ceux de l'assolement de Nîmes, et de plus du tiers au-dessous même de ceux
de l'assolement triennal par. A la vérité, il donne de plus que ce
dernier des récoltes de trèfle et de pommes de terre ou autres
racines; mais en imputant sur ces récoltes, et les dépenses extraordinaires qu'elles occasionnent, et le plus grand produit en
céréales qu'on retire de l'assolement triennal, leur valeur se

trouve à peu près annihilée; et tout ce qui reste en définitive, c'est une production plus restreinte de grain et de paille, jointe à un plus grand épuisement du sol. D'ailleurs, quelle différence de ces récoltes avec les produits en fourrage de l'assolement de Nîmes! Pendant que le cultivateur quadriennal se morfond à sarcler, à récolter, à emmagasiner, à cuire ou à couper à grands frais ses provisions excessives de racines, le cultivateur de Nîmes n'a d'autre peine à prendre ni d'autre dépense à faire que de couper à pleine faux ses belles luzernes et ses beaux sainfoins, dont la végétation, loin d'appauvrir la terre, y amasse des trésors de fécondité.

Les riches produits qu'on retire de l'assolement de Nîmes n'ont donc rien qui doive surprendre: car cet assolement est conforme aux véritables principes de l'agriculture, à ceux qu'indiquent les chiffres de l'euphorimétrie. Tout y est disposé pour porter le sol au plus haut degré de fécondité. Le fumier, abondamment répandu, mais pour long-temps, n'est pas appliqué immédiatement aux céréales, à qui d'ailleurs il serait plus nuisible que profitable, employé à si haute dose; mais il est appliqué à une légumineuse à fourrage de longue durée, qui solidifie ses parties gazeuses et volatiles, qui végétalise, si je puis ainsi dire, sa substance animale, et qui y puise elle-même, sans aucunement le consommer, une très-grande puissance de végétation et de fertilisation. Les céréales ne viennent que quand la pléthore de fécondité est à son comble, et pour décharger le sol de cette espèce d'obésité; puis, quelle économie dans les frais de culture! La terre n'est labourée que dix fois dans l'espace de 17 ans.

On ne peut reprocher à l'assolement de Nîmes qu'un seul défaut: c'est cette succession non interrompue de quatre récoltes de céréales, qui ont l'inconvénient réel de salir à la fin la terre, en favorisant la multiplication de la folle avoine, du coquelicot, du bluet, et autres plantes à fructification précoce. Mais il est très-facile d'y remédier, en faisant subir à cet assolement une modification bien simple qui tend évidemment à le perfectionner: il suffit d'intercaler des vesces à faucher entre le premier et le deuxième blé, et un trèfle entre le deuxième et le troisième, et de convertir ainsi cet assolement de 17 ans en un assolement de

21 ans, dans lequel les récoltes seront disposées de la manière
suivante :

1re année. Luzerne semée *seule* et fumée à 66 voitures.

2, 3, 4 , 5. Luzerne fauchée.

6. Blé sur la luzerne rompue.

7. Vesces fauchées en vert.

8. Blé.

9. Trèfle.

10. Blé.

11. Avoine.

12. Sainfoin semé *seul* et sans fumier.

13, 14, 15. Sainfoin fauché.

16. Blé sur le sainfoin rompu.

17. Vesces fauchées en vert.

18. Blé.

19. Trèfle.

20. Blé.

21. Avoine.

Comme cet assolement dure quatre ans de plus que celui de
la plaine de Nîmes, et qu'il n'est également fumé qu'une seule
fois, il est nécessaire qu'il le soit à la dose de 66 voitures par
hectare pour 21 ans, quantité bien près d'être équivalente à
54 voitures pour 17 ans. Les résultats euphorimétriques seront
ceux indiqués dans le tableau suivant :

6ᵉ TABLEAU.

ASSOLEMENT RATIONNEL

fumé à 66 voitures par hectare pour 21 ans.

		FÉCONDITÉ			
ANNÉES.	RÉCOLTES.	AJOUTÉE.	ABSORBÉE.	TOTALE.	DISPONIBLE.
	Fécondité actuelle...	»	»	20º	20º
1.	Luzerne sem. *seule* et f. à 66 voit.	82,40	»	102,40	102,40
2, 3, 4, 5.	Luzerne fauchée.	65,60	»	168,00	102,40
6.	Blé............	»	40,96	127,04	77,84
7.	Vesces fauchées en vert.......	14,76	»	141,80	109,00
8.	Blé............	»	43,60	98,20	81,80
9.	Trèfle..........	15,56	»	113,76	113,76
10.	Blé............	»	45,50	68,26	68,26
11.	Avoine..........	»	17,07	51,19	51,19
12.	Sainfoin semé *seul* et sans fumier.	9,45	»	60,62	60,62
13, 14, 15	Sainfoin fauché..	28,29	»	88,91	60,62
16.	Blé............	»	24,25	64,66	45,80
17.	Vesces fauchées..	8,36	»	73,02	65,59
18.	Blé............	»	25,44	47,58	47,58
19.	Trèfle.........	8,71	»	56,29	56,29
20.	Blé............	»	22,52	33,77	33,77
21.	Avoine.........	»	8,44	25,33	25,33

Bonification du sol................ 5,33

Fécondité absorbée :

Par le blé, 202º,27, produisant 176 hectolitres
98 litres, valant........................... 3539ᶠ 60ᶜ

Par l'avoine, 25º,51, produisant 59 hectolitres 59
litres, valant............................ 446 92

Paille, 34370 kilogrammes, valant............ 1031 10

Total en argent du grain et de la paille....... 5017 62

Report........ 5017 62

Fécondité sur laquelle ont végété les quatre récoltes de luzerne, 344°, produisant
68800 kilogrammes de foin, valant 4128 f. » c.

Fécondité sur laquelle ont végété les
trois récoltes de sainfoin, 153°,57,
produisant 23000 kilogrammes de
foin, valant................. 1380   »

Fécondité sur laquelle ont végété les
deux récoltes de trèfle, 129°,38,
produisant 21990 kilogrammes de
foin, valant................. 1319 40

Fécondité sur laquelle ont végété les
deux récoltes de vesces, 123°,64,
produisant 18500 kilogrammes de
foin (1), valant................. 1110   »

7937 40

Total général en argent............ 12955 02

Produit brut moyen par hectare et par année..   616 90

Le produit brut de cet assolement, tel qu'il résulte du calcul
euphorimétrique, est véritablement prodigieux : il serait de
616 fr. par hectare et par an ; et, en faisant abstraction des fourrages dont l'évaluation repose sur des rapports proportionnels
de convention, mais qui seraient nécessairement très-abondants,
le seul produit en grain et en paille réparti sur 21 années serait
de 238 fr. 93 c. par an et par hectare, et par conséquent excè-
derait de 34 fr. 98 c. par an les produits en grain et en paille de
l'assolement de Nîmes, répartis sur les 17 années de sa durée.
Cette différence s'explique par la fécondité que les récoltes inter-
calaires de vesces et de trèfle reportent dans le sol, en même
temps qu'elles empêchent l'installation des mauvaises herbes
et qu'elles augmentent encore les produits en fourrage, qui
deviennent, entre les mains des agriculteurs intelligents, des mines
inépuisables de profits. Croyez-vous que le propriétaire d'un
vaste domaine, dont 42 hectares seulement seraient ainsi assolés,

____

(1) Les vesces n'étant fauchées qu'une seule fois, leur produit est évalué
d'après la même unité de convention que celui du sainfoin.

8

n'y trouverait pas d'immenses ressources d'amélioration pour réhabiliter successivement ses soles appauvries, en leur rendant, par une sage application du fumier, la fécondité qu'une mauvaise culture leur avait fait perdre ?

Mais ce qui frappe surtout dans le tableau de cet assolement, c'est d'y voir le profit extraordinaire qu'il est possible de tirer du fumier lorsqu'il est employé suivant les règles enseignées par l'euphorimétrie. En effet, un hectare de terrain n'avait que 20° de fécondité; on en ajoute 66 par l'application de 66 voitures de fumier : total, 86°. Au bout de 21 ans, il possède encore ses 20° de fécondité primitive, plus 5° de bonification; il n'y avait donc que 61° à dépenser à la production. Cependant six récoltes de blé et deux récoltes d'avoine ont absorbé 227°,78, c'est-à-dire 166°,78 de plus que ce qu'elles semblaient pouvoir trouver dans le sol. D'où provient cet excédant, si ce n'est de ce que le fumier, au lieu d'être livré immédiatement à l'aspiration dévorante des céréales, a été employé d'abord à créer dans le sol une masse considérable de fécondité ajoutée à celle que lui-même y avait déjà introduite ? Création qui n'impose aucun sacrifice au cultivateur, puisqu'elle s'opère en couvrant la terre d'abondantes récoltes de fourrage qui deviennent à leur tour de nouveaux éléments de fécondité.

La dépense de culture est ici réduite aux frais indispensables pour semer et pour récolter, et tout s'exécute selon les pratiques les plus simples et les plus vulgaires de l'art agricole. Le sol ne reçoit que 12 labours dans l'espace de 21 ans. Point de sarclages, ni de ces manipulations coûteuses qui minent les profits de l'agriculteur; point de ces jachères improductives où on s'exténue à substituer beaucoup de travail à un peu de fumier. Tous les ans on fauche ou on moissonne, à l'exception des deux années où la luzerne et le sainfoin semés *seuls* fournissent en automne un excellent pâturage pour le gros bétail. L'abondance du fourrage et de la paille permet de nourrir, sans parcimonie, de nombreux animaux de rente et de fabriquer des masses considérables de fumier. Les céréales, interposées entre des récoltes véritablement améliorantes, recueillent tous les avantages de l'alternation; et au lieu d'user jusqu'à épuisement la fécondité sans lui donner le temps de s'agglomérer dans le sol, elles n'apparaissent à des époques intermittentes que pour excréter, si je puis ainsi dire, celle qui s'y trouve en surabondance.

Je pourrais certainement me dispenser de comparer les produits de cet assolement à ceux des assolements triennal et quadriennal : sa supériorité sur eux est en effet si évidente qu'elle n'a pas besoin d'être démontrée. Toutefois, pour ne laisser aucune espèce de doute aux esprits les plus difficiles à convaincre, je vais faire cette comparaison, non pas avec les mêmes *quantités* de fumier, qui seraient de 9,43 voitures par rotation pour l'un, et de 11 voitures par rotation pour l'autre, mais en allouant à chacun d'eux une quantité de fumier suffisante pour balancer l'avance en capital et intérêts d'intérêts des 66 voitures de fumier appliquées au début de l'assolement rationnel.

Il résulte du décompte de cette avance en capital et intérêts composés, qu'en portant la quantité de fumier attribuée à l'assolement triennal à 14 voitures pour chacune de ses six premières rotations, et à 14,24 voitures pour la septième, il y aura à son égard compensation exacte de l'avance faite à l'assolement rationnel, et que la même compensation sera effectuée à l'égard de l'assolement quadriennal, en portant la quantité de fumier qui lui est donnée à 17 voitures pour chacune des cinq premières rotations, et à 16,59 voitures pour la sixième. Soyons cette fois plus généreux, arrondissons les chiffres; donnons 14 voitures de fumier à chacune des six premières rotations de l'assolement triennal, et 15 voitures à la septième, et donnons 17 voitures à chacune des six rotations de l'assolement quadriennal : il s'ensuivra qu'au lieu de recevoir, comme l'assolement rationnel, 66 voitures de fumier seulement dans le cours de 21 années, le premier en recevra 99, et le second 102. Ces deux assolements ainsi fumés présenteront les résultats euphorimétriques consignés dans les deux tableaux suivants :

7ᵉ TABLEAU.

ASSOLEMENT TRIENNAL

fumé à 99 voitures en 21 ans.

		FÉCONDITÉ		
		AJOUTÉE.	ABSORBÉE.	RESTANTE.
	Fécondité actuelle. . . .	»	»	20 degrés.
ANNÉES.	RÉCOLTES.			
1.	Jachère fumée à 14 voit.	19,80	»	39,80
2.	Blé.	»	15,92	23,88
3.	Avoine.	»	5,97	17,91
4.	Jachère fumée à 14 voit.	19,59	»	37,50
5.	Blé.	»	15,00	22,50
6.	Avoine.	»	5,63	16,87
7.	Jachère fumée à 14 voit.	19,48	»	36,35
8.	Blé.	»	14,54	21,81
9.	Avoine.	»	5,45	16,36
10.	Jachère fumée à 14 voit.	19,43	»	35,79
11.	Blé.	»	14,32	21,47
12.	Avoine.	»	5,37	16,10
13.	Jachère fumée à 14 voit.	19,41	»	35,51
14.	Blé.	»	14,20	21,31
15.	Avoine.	»	5,33	15,98
16.	Jachère fumée à 14 voit.	19,39	»	35,37
17.	Blé.	»	14,15	21,22
18.	Avoine.	»	5,31	15,91
19.	Jachère fumée à 15 voit.	20,49	»	36,40
20.	Blé.	»	14,56	21,84
21.	Avoine.	»	5,46	16,38
	Détérioration du sol.			3,62

Fécondité absorbée :

Par le blé, 102°,69, produisant 89 hectolitres 85

litres, valant. . . . . 1797 f. » c.

Par l'avoine, 38°,52, produisant 89 hectolitres 98

litres, valant. 674   85

Paille, 22110 kilogrammes, valant. 663   30

Total en argent. 3135   15

Produit brut moyen par année. 149   29

8ᵉ TABLEAU.

ASSOLEMENT QUADRIENNAL

fumé à 17 voitures par rotation (102 voitures en 21 ans).

ANNÉES.	RÉCOLTES.	FÉCONDITÉ		
		AJOUTÉE.	ABSORBÉE.	RESTANTE.
	Fécondité actuelle....	»	»	20 degrés.
1.	Pom. de t. fumées à 17 v.	23,10	10,78	32,32
2.	Orge...............	»	8,08	24,24
3.	Trèfle.............	4,04	»	28,28
4.	Blé...............	»	11,31	16,97
5.	Pom. de terre f. à 17 voit.	22,79	9,94	29,82
6.	Orge...............	»	7,46	22,36
7.	Trèfle.............	3,67	»	26,03
8.	Blé...............	»	10,41	15.62
9.	Pom. de t. fumées à 17 v.	22,66	9,57	28,71
10.	Orge...............	»	7,18	21,53
11.	Trèfle.............	3,45	»	24,98
12.	Blé...............	»	10,00	14,98
13.	Pom. de t. fumées à 17 v.	22,59	9,39	28,18
14.	Orge...............	»	7,05	21,13
15.	Trèfle.............	3,42	»	24,55
16.	Blé...............	»	9,82	14.73
17.	Pom. de t. fumées à 17 v.	22,57	9,33	27,97
18.	Orge...............	»	6,99	20,98
19.	Trèfle.............	3,39	»	24,37
20.	Blé...............	»	9,75	14,62
21.	Pom. de t. fumées à 17 v.	22,56	9,30	27,88

Bonification du sol (1)........... 7,88

(1) Cette bonification n'est qu'apparente ; car, à la fin de la rotation, qui n'est ici que commencée, le sol se trouvera détérioré de 5°,45.

Fécondité absorbée :

Par le blé, 51°,29, produisant 44 hectolitres 88 litres, valant.............................. 897 f 60 c

Par l'orge, 36°,76, produisant 61 hectolitres 17 litres, valant......................... 642 28

Paille, 13530 kilogrammes, valant............... 405 90

     Total en argent du grain et de la paille..... 1945 78

Fécondité sur laquelle ont végété les cinq récoltes
   de trèfle, 110ᵃ,24, produisant 18740
   kilogrammes de foin, valant..... 1124 f. 40 c.

Fécondité sur laquelle ont végété les   } 2448 40
   six récoltes de pommes de terre,
   198ᵃ,92, produisant 662 hectolitres, valant.................. 1324 »

     Total général en argent........ 4394 18
     Produit brut moyen par année...... 209 43

Si nous rapprochons les produits bruts de tous ces assolements, nous voyons que sur un HECTARE de terrain, et avec *la
même dépense* en fumier, qui est de 66 voitures pour l'assolement rationnel, 90 voitures pour l'assolement triennal, et 102 voitures pour l'assolement quadriennal, on obtient dans le cours de
21 ans les valeurs suivantes :

```
                   ⎧ rationnel....12955 f 02 c.;                    ⎧ 816 f. 90 c.
De l'assolement    ⎨ triennal..... 5155    13;           ou par an  ⎨ 149   29
                   ⎪ quadriennal. 4394    18;                   de  ⎪ 209   24
                   ⎩ de Nîmes... 8337    46 (en 17 ans);            ⎩ 490   45
```

Le produit de l'assolement rationnel, durant cette période de
21 ans, surpasse donc celui

```
                   ⎧ triennal, de....... 9,810 f 87 c.;               ⎧ 167 f. 61 c.
De l'assolement    ⎨ quadriennal, de... 8,560   84;   ou par an de    ⎨ 407   65
                   ⎩ de Nîmes (1), de... 2,656   »                    ⎩ 126   46
```

(1) Si, au lieu de diviser par années les produits de l'assolement rationnel et
de l'assolement de Nîmes pour les comparer entre eux, on arrêtait, pour faire
cette comparaison, l'assolement rationnel après les 17 ans qui forment la durée
de l'assolement de Nîmes, la différence serait encore plus grande en faveur de
l'assolement rationnel. En effet, les produits de ce dernier s'élèveraient au
bout de 17 ans à.. 11221 f 20 c.
Ceux de l'assolement de Nîmes sont de....................... 8337 46
     Différence en 17 ans............................ 2883 74
     Différence par année........................... 169 63

        Mais

Et en ne comparant que leurs seuls produits *céréales*, on voit que dans l'espace de 21 ans, et avec une *dépense de fumier égale pour tous*, on obtient en grain et en paille de chaque hectare

De l'assolement { rationnel. . . . . 5017 f. 62 c; | ou par an { 238 f. 93 c.
                 triennal . . . . . 5135 15; | 149 29
                 quadriennal. . 1945 78; | 92 65
                 de Nîmes. . . . 5467 28 (en 17 ans); | 203 93

D'où il suit que, dans ce seul genre de produits si importants, sur le même sol, et avec la même dépense de fumier, chaque hectare donne par l'assolement rationnel de plus que par

L'assolement { triennal. . . . . 1882 f. 87 c. en 21 ans; | ou par an { 89 f. 64 c.
               quadriennal. . 3071 24 en 21 ans; | 146 24
               de Nîmes. . . . 394 66 en 17 ans; | 51 98

Ces résultats comparatifs seraient à peine croyables s'ils ne reposaient point sur des notions certaines et sur des calculs exacts; mais les principes euphorimétriques qui leur servent de base, et l'exemple si frappant des produits obtenus par le mode de culture suivi dans la plaine de Nîmes, ne permettent pas d'en contester l'évidence.

Une chose surtout est ici bien digne de remarque : c'est que l'assolement rationnel, pour produire quatre fois plus que l'assolement triennal, et trois fois plus que l'assolement quadriennal, emploie cependant en réalité un tiers de fumier de moins que l'un et l'autre de ces assolements. A la vérité, il faut le lui donner tout à la fois, et c'est une avance à faire; mais, comme en définitive il en consomme beaucoup moins, il est facile de pourvoir à cette avance de fumier sans bourse délier, en empruntant celui dont on a besoin aux soles triennales, à qui il est restitué avec usure par suite des économies que l'assolement rationnel une fois approvisionné permet de réaliser sur cette matière, lui qui, d'un autre côté, aide tant à la produire. Je ne fais qu'énoncer cette idée en terminant : je me réserve de la développer plus tard, et de montrer comment elle peut être mise en pratique sur les exploitations un peu étendues.

Mais l'assolement rationnel ayant reçu 12 voitures de fumier de plus en considération de ce qu'il devait avoir une plus longue durée, la comparaison ainsi faite manquerait d'exactitude.

SIXIÈME LETTRE.

Toutes les parties d'une science exacte ont entre elles une corrélation intime et en quelque sorte solidaire : c'est une série de corollaires qui naissent les uns des autres sous l'impulsion génératrice d'un principe vrai où ils puisent leur commune origine. Lorsqu'une fois on est parvenu à déterminer avec précision la force productive du fumier, la puissance améliorante des légumineuses à fourrage, et l'action épuisante des céréales, il est facile de calculer les effets de ces actions et réactions réciproques, et par conséquent de les disposer dans un ordre de concours qui assure la plus grande masse possible de produits. C'est cette disposition qui constitue l'assolement rationnel, lequel n'est autre chose que l'application raisonnée des règles de la science.

Pour quiconque connaît, même indéterminément, l'influence énergique du fumier sur la végétation et le pouvoir amplifiant des légumineuses à fourrage sur la fécondité du sol, les produits merveilleux que l'euphorimétrie assigne à l'assolement rationnel indiqué dans ma dernière lettre, loin d'être un sujet d'étonnement ou d'incrédulité, apparaîtront comme des effets naturels dont le développement est proportionné à l'intensité des causes agissantes. Puisque tout le monde sait que le fumier est un agent de fécondité, n'est-il pas évident que 66 voitures de fumier appliquées à 1 hectare lui communiquent 6 fois plus de fécondité qu'il n'en recevrait de l'application de 11 voitures seulement?

Puisque tout le monde a remarqué que la végétation de la luzerne ajoute à la force productive du sol, n'est-il pas certain que sa propriété d'amélioration doit être plus grande quand elle produit 12000 kilogrammes de foin que quand elle n'en produit que 2000? Et qui oserait soutenir que sa végétation ne sera pas plus vigoureuse dans le sol fumé à 66 voitures par hectare que dans le même sol fumé à 11 voitures? Enfin, puisque tout le monde convient que les récoltes de céréales sont épuisantes, et qu'elles se forment aux dépens de la fécondité du sol qui les fait naître, n'est-on pas forcé d'en conclure que ces récoltes sont d'autant plus abondantes que le sol contient plus de fécondité, parce qu'elles y trouvent à absorber en plus grande quantité les éléments de leur substance? La réflexion seule pouvait donc déjà faire apprécier, au moins approximativement, l'intensité des effets par l'intensité de leurs causes efficientes, sans même qu'il fût besoin de connaître les règles euphorimétriques au moyen desquelles les uns et les autres sont nombrés et mis en chiffres. Or, si les notions les plus vulgaires de la routine agricole devaient faire ainsi préjuger à l'avance et accueillir comme vrais les beaux produits de l'assolement rationnel, il ne me semble pas possible qu'on songe à les contester lorsqu'ils se présentent sous le patronage de l'euphorimétrie, qui apporte des résultats mathématiques à la place de ces arbitrations approximatives.

Sans doute, dira-t-on, avec 66 voitures de fumier par hectare on obtiendrait des récoltes superbes: mais comment se procurer ces masses énormes de fumier? Et quand on trouverait à les acheter, ce qui serait difficile si chacun se mettait à suivre l'assolement, ne faudrait-il pas des capitaux considérables pour subvenir à de pareilles avances? Donc, ajoutera-t-on, cet assolement, quelque avantageux qu'il puisse être, n'est pas susceptible d'application dans la pratique. Cette objection ne manquera pas d'être faite, et je tiens à la réfuter complètement.

Il est certain que le propriétaire d'un domaine qui voudrait le mettre tout entier en assolement rationnel dans une seule année, tenterait une opération déraisonnable et même impossible si le domaine avait une certaine étendue. Par exemple, un domaine de 72 hectares de terres labourables cultivées selon le système

triennal et recevant à la sole de jachère 18 voitures de fumier
par hectare, c'est-à-dire employant annuellement 432 voitures
de fumier, en exigerait 4752 voitures pour être mis tout à la fois
en assolement rationnel, ce qui nécessiterait un supplément de
4320 voitures, lesquelles, à raison de 12 fr. seulement la voiture, constitueraient une avance de 51840 fr., sans compter la
privation de récoltes pendant une année. Ce serait une entreprise
gigantesque; et bien qu'elle dût être très-profitable dans l'avenir, il y aurait de la folie à la conseiller, et une grande témérité
à vouloir la mettre à exécution.

On ne procède pas ainsi en agriculture : rien ne doit y être
brusqué. On n'improvise pas une transformation complète de
culture sans perturbation; les capitaux ne s'y jettent pas à l'a-
venture comme dans les autres industries, parce que là le gain,
ordinairement modéré, n'arrive qu'une fois l'an; parce que toute
l'activité de l'homme est impuissante à précipiter la marche
lente des saisons, et qu'il ne peut, quoi qu'il fasse, ni moisson-
ner avant le temps, ni recueillir deux moissons dans la même
année. Ici, en effet, ce n'est pas l'homme qui travaille, c'est la
nature; il ne fait que lui tailler sa besogne, si je puis parler
ainsi; et il est au-dessus de son pouvoir d'imprimer un mouvement plus rapide aux procédés d'exécution qu'elle met en usage.
On ne saurait donc blâmer la prudente circonspection de ceux
qui répugnent à s'engager dans des innovations agricoles qui exigent des mises de fonds nouvelles.

Aussi je ne viens point, novateur dangereux, tendre à leur crédu-
lité un appât séduisant et trompeur dont la condition première serait l'adjection d'un capital à leur capital ordinaire d'exploitation;
mais je viens leur démontrer avec l'authenticité des chiffres que,
dans l'espace de 18 années et sans acheter une seule voiture de
fumier, ils peuvent appliquer l'assolement rationnel à toutes les
terres de leur domaine, quelle que soit son étendue, avec diminution des frais de culture et accroissement progressif du revenu
annuel.

Les terres qui sont mises en assolement rationnel exigent d'a-
bord une très-grande quantité de fumier, cela est vrai; mais elles
n'en reçoivent plus pendant 21 ans, et ce long répit permet au

cultivateur, soit de restituer aux autres terres le fumier qu'il leur a momentanément emprunté, soit de faire des applications nouvelles de l'assolement rationnel. Tout le secret consiste à distraire successivement des soles en jachère le quart des terres qui les composent, pour les mettre en assolement rationnel, et à emprunter aux trois quarts restants le complément de fumier nécessaire, qui leur est rendu à la rotation suivante. Je vais me faire comprendre mieux par un exemple :

Je suppose, pour simplifier les chiffres, un petit domaine composé de 12 hectares de terres arables d'une fécondité moyenne de 20°, plus trois hectares de prés naturels pouvant donner assez de foin pour fabriquer annuellement, avec la paille récoltée, 72 voitures de fumier employées, suivant le système triennal, à fumer la sole de jachère à raison de 18 voitures par hectare. On détachera de la sole en jachère un hectare pour le soumettre à l'assolement rationnel, et on empruntera aux trois hectares restants de cette sole 48 voitures de fumier, lesquelles, jointes aux 18 voitures que l'hectare distrait devait lui-même recevoir, compléteront les 66 voitures qui lui sont nécessaires: dès-lors, les trois hectares mis en jachère ne recevront plus cette année-là que deux voitures chacun, ce qui diminuera considérablement leurs produits et la fécondité habituelle de leur sol. Mais au bout de trois ans, leur tour revenant d'être fumés, ils reprendront leur contingent ordinaire de 18 voitures, plus les 18 voitures qui seraient avenues à l'hectare mis en assolement rationnel, et qui, étant réparties entre eux trois, porteront à 24 voitures la ration de fumier attribuée à chacun. À la troisième rotation, c'est-à-dire la 7ᵉ année, l'un d'eux passera encore à l'assolement rationnel; et, pour compenser le déficit de sa fécondité réduite à 18°,88, il emportera tout le fumier de la sole de jachère, à l'exception de 4 voitures qui seront divisées entre les deux hectares restants de cette sole. La dixième année, ceux-ci se partageront les 72 voitures, ce qui en donnera 36 à chacun. La treizième année, l'un des deux sera mis à son tour en assolement rationnel; et comme sa fécondité sera alors de 24°,55, il suffira de lui allouer 62 voitures pour égaler sa condition à celle de ses devanciers : dès-lors, le dernier hectare restant en jachère aura 10 voitures à recevoir. Enfin, la seizième année, ce dernier hectare entrera lui-même en assolement rationnel; sa fécondité étant à cette époque de 18°,18, il aura besoin de 68 voitures, et il y aura 4 voitures de reste à employer ailleurs.

Je n'ai réglé ici l'arrangement à établir que pour la sole qui se trouvait en jachère au moment où l'opération a commencé: on conçoit que les deux autres soles sont traitées de la même manière à mesure qu'elles arrivent à leur tour de jachère; en sorte qu'au bout de dix-huit ans, la transformation sera entièrement accomplie. La marche de cette métamorphose de culture est figurée dans le tableau suivant, où je désigne par la lettre J la sole qui était en jachère quand l'opération a commencé, par la lettre A celle qui était en avoine, et par la lettre B celle qui était en blé, en désignant par les n°s 1, 2, 3 et 4 les quatre hectares de chacune des trois soles pour indiquer l'ordre dans lequel ils sont mis successivement en assolement rationnel.

TABLEAU FIGURATIF

Des Soles anciennes du domaine, et de leur conversion
successive en assolement rationnel.

ANNÉES.	J. SOLE DE JACHÈRE.	A. SOLE D'AVOINE.	B. SOLE DE BLÉ.
1.	Nº 1. Jachère.	Avoine.	Blé.
2.	Blé.	Nº 1. Jachère.	Avoine.
3.	Avoine.	Blé.	Nº 1. Jachère.
4.	Jachère.	Avoine.	Blé.
5.	Blé.	Jachère.	Avoine.
6.	Avoine.	Blé.	Jachère.
7.	Nº 2. Jachère.	Avoine.	Blé.
8.	Blé.	Nº 2. Jachère.	Avoine.
9.	Avoine.	Blé.	Nº 2. Jachère.
10.	Jachère.	Avoine.	Blé.
11.	Blé.	Jachère.	Avoine.
12.	Avoine.	Blé.	Jachère.
13.	Nº 3. Jachère.	Avoine.	Blé.
14.	Blé.	Nº 3. Jachère.	Avoine.
15.	Avoine.	Blé.	Nº 3. Jachère.
16.	Nº 4. Luzerne.	Avoine.	Blé.
17.	Luzerne.	Nº 4. Luzerne.	Avoine.
18.	Luzerne.	Luzerne.	Nº 4. Luzerne.

Calculons maintenant les produits d'après les règles de l'euphorimétrie. Ce compte doit avoir pour but de comparer les produits du domaine durant sa transformation successive en assolement rationnel, avec ceux qu'on en aurait retirés en ne changeant rien à l'ancien mode de culture. Il faut donc établir dans un premier tableau le compte euphorimétrique de 1 hectare cultivé pendant dix-huit ans suivant le système triennal, et recevant régulièrement 18 voitures de fumier à chaque jachère : par là nous saurons quel aurait été le produit du domaine dans le cas où aucun changement n'aurait été apporté à son ancienne culture. Puis, un deuxième tableau présentera le mouvement euphorimétrique qui s'opère dans 1 hectare cultivé pendant quinze ans aussi d'après le système triennal, mais recevant à chaque jachère les quantités inégales de fumier que déterminent les emprunts nécessités par l'application successive de l'assolement rationnel aux autres hectares de la sole dont il fait partie; et en nous aidant de renseignements puisés dans le sixième tableau de la lettre précédente, nous parviendrons à connaître quel est le produit qu'on obtient du domaine pendant qu'il subit sa transformation en culture rationnelle. La comparaison se fera ensuite pour ainsi dire d'elle-même.

1ᵉʳ TABLEAU.

ASSOLEMENT TRIENNAL

suivi pendant 18 ans sur un hectare fumé à 18 voitures par rotation.

		FÉCONDITÉ		
		AJOUTÉE.	ABSORBÉE.	RESTANTE.
Fécondité actuelle....		»	»	20 degrés.
ANNÉES.	RÉCOLTES.			
1.	Jachère fumée à 18 voit.	24,20	»	44,20
2.	Blé...........	»	17,68	26,52
3.	Avoine...........	»	6,63	19,89
4.	Jachère fumée à 18 voit.	24,18	»	44,07
5.	Blé...........	»	17,63	26,44
6.	Avoine...........	»	6,61	19,83
7.	Jachère fumée à 18 voit.	24,18	»	44,01
8.	Blé...........	»	17,60	26,41
9.	Avoine...........	»	6,60	19,81
10.	Jachère fumée à 18 voit.	24,18	»	43,91
11.	Blé...........	»	17,60	26,39
12.	Avoine...........	»	6,60	19,79
13.	Jachère fumée à 18 voit.	24,17	»	43,96
14.	Blé...........	»	17,58	26,38
15.	Avoine...........	»	6,60	19,78
16.	Jachère fumée à 18 voit.	24,17	»	43,95
17.	Blé...........	»	17,58	26,37
18.	Avoine...........	»	6,59	19,78
	Détérioration du sol.....			0,22

Fécondité absorbée :

Par le blé, 105°,67, produisant 92 hectolitres 46

  litres, valant............................ 1849 f. 20 c.

Par l'avoine, 39°,63, produisant 92 hectolitres 58

  litres, valant............................ 694   35

Paille, 22750 kilogrammes, valant.............. 682   50

                Total en argent.......... 3226   05

2ᵉ TABLEAU.

ASSOLEMENT TRIENNAL

suivi pendant 15 ans sur un hectare recevant à chaque ro-
tation des quantités très-inégales de fumier.

ANNÉES.	RÉCOLTES.	FÉCONDITÉ AJOUTÉE.	ABSORBÉE.	RESTANTE.
	Fécondité actuelle....	»	»	20 degrés.
1.	Jachère fumée à 2 voit.	6,60	»	26,60
2.	Blé...............	»	10,64	15,96
3.	Avoine.............	»	3,99	11,97
4.	Jachère fumée à 24 voit.	29,99	»	41,96
5.	Blé...............	»	16,78	25,18
6.	Avoine.............	»	6,30	18,88
7.	Jachère fumée à 2 voit.	6,48	»	25,36
8.	Blé...............	»	10,14	15,22
9.	Avoine.............	»	3,81	11,41
10.	Jachère fumée à 36 voit.	43,14	»	54,55
11.	Blé...............	»	21,82	32,73
12.	Avoine.............	»	8,18	24,55
13.	Jachère fumée à 10 voit.	15,95	»	40,40
14.	Blé...............	»	16,16	24,24
15.	Avoine.............	»	6,06	18,18
	Détérioration du sol............. 1,82			

A l'aide des documents euphorimétriques fournis par ces deux
tableaux et par le 6ᵉ tableau de la lettre précédente, on peut
faire le compte exact des produits annuels du domaine entier,
soit pour l'hypothèse où l'on aurait continué à suivre sans inno-
vation l'ancien mode triennal de culture, soit pour celle où l'on
distrairait successivement de la sole de jachère un quart des terres
qui la composent pour le soumettre à l'assolement rationnel, en
empruntant au surplus de cette sole le fumier nécessaire.

Etablissons d'abord les produits du domaine dans l'ancienne

culture, en supprimant les centimes pour simplifier les chiffres.

D'après le 1er tableau, la culture ancienne d'un seul hectare aurait donné, en dix-huit ans, un produit brut de 3226 fr.; et comme il y a quatre hectares dans la sole, leur produit aurait été de 12904 fr. Or, le domaine entier se compose de trois soles recevant toutes la même quantité de 18 voitures de fumier par hectare à chaque rotation, la production totale du domaine pendant dix-huit ans aurait donc été de 38712 fr., ou moyennement de 2150 fr. par année.

Le compte de la culture de transition est beaucoup plus compliqué : car ses produits, au lieu d'être uniformes comme dans l'ancienne culture, varient dans les trois soles et dans chacun des hectares qui en font partie. On est donc obligé de dresser le compte particulier de chacun des 4 hectares qui composent chacune des trois soles : c'est à quoi je vais procéder aussi brièvement que possible.

Sole I.

L'hectare n° 1 de cette sole étant mis en assolement rationnel dès la première année où commence la transmutation de culture, son produit s'établit d'après les notions euphorimétriques fournies par le 6e tableau de la lettre précédente (voy. pag. 112), et ce produit pour 18 années est de. . . . . . .   12054 f.

L'hectare n° 2 entrant en assolement rationnel la 7e année, son produit comprend :

1° 6 années de nouvelle culture triennale, qui, d'après le 2e tableau ci-dessus, donnent.   837

2° 12 années de culture rationnelle donnant.   9174

L'hectare n° 3 étant livré à l'assolement rationnel la 13e année, son produit comprend :

1° 12 années de nouvelle culture triennale, s'élevant, d'après le 2e tableau, à.   1812

2° 6 années de culture rationnelle montant à.   5025

Enfin, l'hectare n° 4 n'entrant en assolement rationnel qu'à la 16e année, son produit se compose :

A reporter.   28902

Report.......... 28902 f.

1° De 15 années de nouvelle culture triennale s'élevant à.. 2306

2° De 3 années de culture rationnelle donnant.... 2064

Total du produit pendant 18 ans de la sole J.. 33272

Sole A.

L'hectare n° 1 de cette sole est mis en assolement rationnel la seconde année ; par conséquent il embrasse :

1° Une année d'ancienne culture triennale en avoine et paille d'avoine, dont le produit est, suivant le 1er tableau ci-dessus, de.. 152

2° 17 années de culture rationnelle s'élevant à.... 11497

L'hectare n° 2, qui entre en assolement rationnel la 8e année, comprend :

1° Une année d'ancienne culture triennale en avoine, de.. 152

2° 6 années de nouvelle culture triennale, de..... 837

3° 11 années de culture rationnelle, de.......... 9174

L'hectare n° 3 passant à l'assolement rationnel la 14e année, son produit comprend :

1° Une année d'ancienne culture triennale en avoine, de.. 152

2° 12 années de nouvelle culture triennale, de..... 1812

3° 5 années de culture rationnelle, de............ 4128

L'hectare n° 4, qui arrive à l'assolement rationnel la 17e année, embrasse :

1° Une année d'ancienne culture triennale en avoine, de.. 152

2° 15 années de nouvelle culture triennale, de..... 2306

3° 2 années de culture rationnelle, de............ 1032

Total du produit, pendant 18 ans, de la sole A.. 31394

Sole B.

L'hectare n° 1 de cette sole est livré à l'assolement rationnel la 3e année, et dès-lors son produit se compose :

1° De 2 années d'ancienne culture triennale en blé et
en avoine, s'élevant, d'après le 1er tableau ci-dessus, à.   540

2° De 16 années de culture rationnelle, de....... 11087

L'hectare n° 2 étant mis en assolement rationnel la
9e année, son produit comprend :

1° 2 années d'ancienne culture triennale en blé et
avoine, de..   540

2° 6 années de nouvelle culture triennale, de......   837

3° 10 années de culture rationnelle, de.............   8510

L'hectare n° 3, mis en assolement rationnel la 15^e
année, comprend :

1° 2 années d'ancienne culture triennale en blé et
avoine, de..   540

2° 12 années de nouvelle culture triennale, de.....   1812

3° 4 années de culture rationnelle, de..............   3096

Enfin, l'hectare n° 4, mis en assolement rationnel la
18e année, comprend :

1° 2 années d'ancienne culture triennale en blé et
avoine, de..   540

2° 15 années de nouvelle culture triennale, de.....   2306

3° Une année de culture rationnelle, *néant*......   »
                                                       ____
Total du produit, pendant 18 ans, de la sole B. . 29808

En réunissant les produits des trois soles, on obtient la somme
de 94474 fr. formant le produit total du domaine pendant les
18 ans qui ont été employés à le convertir entièrement en assolement rationnel, ce qui donne un revenu brut moyen par année
de 5246 fr. ; tandis que ce revenu n'aurait été, suivant l'ancienne
culture triennale, que de 2150 fr. Le revenu net aurait donc
plus que doublé pendant la transformation de culture, en mettant même à l'écart la diminution des frais d'exploitation.

Et quand on retrancherait de ce compte la valeur de tous les
fourrages récoltés, les seuls produits en grain et en paille s'élèveraient encore à 41140 fr.; ce qui donnerait par an un produit
moyen de 2285 fr. : celui de l'ancien assolement triennal étant
de 2150 fr., il y aurait encore un avantage annuel de 135 fr.

Mais on comprend que ce retranchement ne doit pas être fait
en totalité, même par hypothèse : car il est tout-à-fait impossi-

ble de supposer que la luzerne, le sainfoin, les vesces et le trèfle, qui sont ici placés dans des conditions si favorables à leur réussite, ne donnent pas des produits quelconques. Tout au plus pourrait-on soupçonner quelque exagération à ceux que je leur assigne d'après un rapport de proportion qui n'est point encore rigoureusement déterminé par des observations exactes, mais qui à coup sûr existe entre la fécondité du sol et la quantité de fourrage qu'elle fait croître.

Je viens d'indiquer la manière d'opérer la transition de culture pour un domaine d'une très-petite étendue, afin d'avoir des chiffres moins élevés et de simplifier les explications. S'il s'agissait d'un domaine de 48 hectares, de 72 hectares, de 120 hectares, la conversion s'exécuterait par 4 hectares, par 6 hectares, par 10 hectares à la fois, en un mot, toujours par quart de chaque sole triennale, ou par douzième de la superficie totale des terres arables; et les profits annuels résultant de cette conversion seraient quatre fois, six fois ou dix fois plus élevés que ceux qui ont été reconnus pour un très-petit domaine de 12 hectares.

J'ai supposé aux terres du domaine une fécondité moyenne de 20° et une fumure ordinaire de 18 voitures par hectare. Mais si la fécondité *statique* du sol était plus basse, ou, ce qui en serait la cause effective, si la sole de jachère était depuis très-longues années fumée à moins de 18 voitures par hectare, la conversion devrait être opérée sur une moindre étendue à la fois. Ainsi, avec une fumure habituelle de 15 voitures par hectare, on ne devrait mettre en assolement rationnel que $\frac{1}{5}$ de sole à la fois, au lieu de $\frac{1}{4}$; avec une fumure de 12 voitures, $\frac{1}{6}$; et $\frac{1}{8}$ avec une fumure habituelle de 9 voitures. Alors, la transformation, au lieu d'être achevée dans l'espace de 18 années, ne se terminerait qu'en 22, 27 ou 36 ans, à moins d'employer à l'accomplir plus tôt les masses considérables de fumier qu'on peut fabriquer avec le fourrage récolté.

C'est, en effet, l'un des avantages prédominants de l'assolement rationnel, que cette quantité prodigieuse de fourrage qu'il fait naître sur le sol en le fertilisant et pour le fertiliser. Quel est l'agriculteur tant soit peu digne de ce nom, qui ne saura pas appliquer ce genre précieux de produit à l'industrie intéressante du nourrissage, dont les profits actuels ou éloignés, immédiats ou d'avenir, se multiplient sous toutes les formes quand elle est conduite avec habileté? Quel est celui qui dédaignera le secours tout-puissant qu'il pourra trouver dans les masses de fumier sorties des masses de fourrage amoncelées autour de lui? Le nourrissage est donc un accessoire obligé de l'assolement rationnel, autant pour convertir en fumier ses récoltes abondantes de fourrage, que pour les réaliser en produits animaux de vente, dont la valeur vénale couvrira largement le déchet passager que les récoltes de céréales ont à subir dans les premières années. Qu'importe, au reste, à l'agriculteur intelligent cette modification partielle de la nature de ses produits, quand surtout l'extrême abondance des produits nouveaux est substituée à la modicité de ceux qu'ils suppléent? Il ne lui sera pas difficile, à lui, de faire plus d'argent d'une belle luzerne consommée dans ses étables, que d'un blé médiocre vendu au marché.

Il s'en trouvera sans doute quelques-uns qui, mal initiés aux industries accessoires de l'art agricole, n'ayant foi que dans la valeur du grain, et avisant dans l'amoindrissement momentané des récoltes de céréales la perspective menaçante d'une diminution de leur revenu en argent, repousseront sans autre examen une transformation de culture qui semblera les appauvrir.

A ceux-là, je dirai : « Entrez toujours dans la voie de l'assolement rationnel ; et puisque vous voulez vendre vos produits *bruts* et sans prendre la peine de les façonner, puisque vous ne savez pas utiliser autrement le fourrage que vous produirez, vous le VENDREZ à la place du grain que vous récolterez de moins ; vous en vendrez les $\frac{1}{3}$, les $\frac{1}{2}$ ou même les $\frac{2}{3}$, en faisant remploi seulement de la somme nécessaire à l'achat de la paille que vous recueillerez de moins dans les premières années. » L'augmentation de revenu que j'ai promise doit être, en effet, purement agricole et indépendante des industries accessoires, qui ont leurs bénéfices particuliers. Reste à savoir si cette concession exorbitante n'apportera pas dans l'économie de l'exploitation une perturbation qui la rendrait impraticable.

Pour cela, il est nécessaire d'établir nettement la situation, non plus par un compte d'ensemble, comme celui dont les résultats généraux ont été présentés et rapprochés plus haut, mais par un compte détaillé qui compare année par année les produits qu'on aurait obtenus de l'ancien mode de culture avec ceux qu'on obtient de la culture nouvelle. Quelque fastidieux que ces comptes puissent paraître, ils comportent trop d'enseignements pratiques pour les supprimer. Je vais donc comparer les produits annuels du domaine de 12 hectares, dans les deux modes de culture, pendant les six premières années de la transformation, qui sont les moins productives en grain, et en omettant les centimes pour simplifier les chiffres.

1ʳᵉ ANNÉE.

La première année, les produits de l'ancienne et de la nouvelle culture sont absolument les mêmes. Rien n'est encore changé, si ce n'est qu'un hectare de la sole improductive de jachère J a été semé en luzerne fumée à 66 voitures.

2ᵉ ANNÉE.

Ancienne culture.

Sole J. — 17°,68 absorbés par le blé, produisant 15 hectolitres 47 litres par hectare, et pour 4 hectares,

61 hectolitres 88 litres, valant.................. 1237 f.

Paille, 10390 kilogrammes, valant........... 311

Sole A. — Jachère.

Sole B. — 6°,63 absorbés par l'avoine, produisant 15 hectolitres 49 litres par hectare, et pour 4 hectares, 61 hectolitres 96 litres, valant....... 464

Paille, 4830 kilogrammes, valant............ 144

Total du produit brut............... 2156

<table>
<tr><td rowspan="9" style="writing-mode:vertical-rl">Nouvelle culture.</td></tr>
<tr><td>Sole J. — 10^h,64 seulement absorbés par le blé, à cause de l'emprunt du fumier, produisant 9 hectolitres 31 litres par hectare, et pour 3 hectares, 27 hectolitres 93 litres, valant. . . . .</td><td>558</td></tr>
<tr><td>Paille, 4700 kilogrammes, valant. . . . .</td><td>141</td></tr>
<tr><td>Sole A. — Jachère, dont 1 hectare a été semé en luzerne.</td><td></td></tr>
<tr><td>Sole B. — 6^h,63 absorbés par l'avoine, produisant 15 hectolitres 49 litres par hectare, et pour 4 hectares, 61 hectolitres 96 litres, valant. . . . .</td><td>464</td></tr>
<tr><td>Paille, 4830 kilogrammes, valant. . . . .</td><td>144</td></tr>
</table>

Total du produit brut. 1307

Les produits en grain et en paille de la nouvelle culture, comparés à ceux de la culture ancienne, présenteraient donc un déficit de 849 fr., dans lequel la *paille* entre pour 170 fr. qui sont à dépenser en achat de 5690 kilogrammes recueillis de moins dans la nouvelle culture. Ce déficit est imputable à l'absence de 1 hectare de la sole J, qui, en quittant les trois autres hectares de la même sole pour passer à l'assolement rationnel, leur a emprunté une grande partie de leur fumier. Quoiqu'il ne fasse plus désormais cause commune avec eux, ses produits n'en appartiennent pas moins à la sole dont il a été démembré; et c'est sur lui que pèse l'obligation de combler le déficit dont il est la cause. Examinons sa situation pour juger s'il est en mesure de le faire. Cette année, il donne sa première récolte de luzerne qui a végété sur une fécondité de 86^h (voyez le 6e tableau de la lettre précédente, p. 112), et qui, par conséquent, doit produire 17200 kilogrammes de foin, valant 1032 fr. Le cultivateur qui croirait tirer de ce fourrage un parti plus avantageux en le vendant qu'en l'employant lui-même au nourrissage, en vendra les $\frac{7}{8}$, dont le prix entier de 903 fr. entrera dans sa bourse, tant pour remplir le vide que le déchet du grain y aurait laissé, que pour faire l'achat de la paille qui a été récoltée en moins, et qui n'est mentionnée ici que pour mémoire, attendu que sa valeur figure dans le déficit de 849 fr. De cette manière, son revenu en argent se trouvera augmenté cette année d'une cinquantaine de francs seulement, et il lui restera encore un léger supplément de fourrage qu'il devra employer à la fabrication d'un supplément de fumier.

Cette vente de foin, que je suis bien éloigné de conseiller, mais que je concède ici par supposition, et pour condescendre aux appréhensions de ceux qui douteraient des profits du nourrissage, ne dérangera rien aux dispositions économiques de l'exploitation, ni aux approvisionnements ordinaires de fumier : car il s'agit, dans notre hypothèse, d'un domaine soumis au régime triennal, ayant dès-lors dans une annexe de prés naturels des ressources fourragères en dehors de sa culture arable.

3ᵉ ANNÉE.

Ancienne culture.

Sole C. — 6ᵒ,63 absorbés par l'avoine, produisant 15 hectolitres 49 litres par hectare, et pour 4 hectares,
61 hectolitres 96 litres, valant................ 464 f.

Paille, 4830 kilogrammes, valant............ 144

Sole A. — 17ᵒ,68 absorbés par le blé, produisant 15 hectolitres 47 litres par hectare, et pour 4 hectares, 61 hectolitres 88 litres, valant....... 1237

Paille, 10390 kilogrammes, valant........... 311

Sole B. — Jachère. *Néant*................... »
                                              ———
Total du produit brut................ 2156

Nouvelle culture.

Sole C. — 3ᵒ,99 absorbés par l'avoine, produisant 9 hectolitres 32 litres par hectare, et pour 3 hectares, 27 hectolitres 96 litres, valant......... 209 f.

Paille, 2180 kilogrammes, valant............ 65

Sole A. — 10ᵒ,64 absorbés par le blé, produisant 9 hectolitres 31 litres par hectare, et pour 3 hectares, 27 hectolitres 93 litres, valant.......... 558

Paille, 4700 kilogrammes, valant.......... 141

Sole B. — Jachère, dont 1 hectare est mis en assolement rationnel.
                                              ———
Total du produit brut............. 973

La nouvelle culture présente donc un déficit en grain et *paille*, s'élevant à 1183 fr. Mais les 2 hectares déjà mis en assolement rationnel, et qui ont été distraits l'un de la sole C et l'autre de la sole A, donnent chacun une récolte de luzerne produisant en tout 34400 kilogrammes de foin, et valant 2064 fr. La vente des $\frac{7}{8}$ de ce foin procure une somme de 1800 fr., qui, après avoir couvert le déficit du grain et de la paille, apporte une augmentation de revenu en argent d'au moins 600 fr.; et il reste encore plus de 4000 kilogrammes de foin à consommer dans la ferme en sus du produit ordinaire des prés naturels.

4ᵉ ANNÉE.

Ancienne culture.

Sole J. — Jachère.

Sole A. — 6°,63 absorbés par l'avoine, produisant 15 hectolitres 49 litres par hectare, et pour 4 hectares, 61 hectolitres 96 litres, valant......... 464 f.

Paille, 4830 kilogrammes, valant........... 144

Sole B. — 17°,68 absorbés par le blé, produisant 15 hectolitres 47 litres par hectare, et pour 4 hectares, 61 hectolitres 88 litres, valant......... 1237

Paille, 10390 kilogrammes, valant.......... 311

Total du produit brut............. 2156

Nouvelle culture.

Sole J. — Jachère.

Sole A. — 3°,99 absorbés par l'avoine, produisant 9 hectolitres 32 litres par hectare, et pour 3 hectares, 27 hectolitres 96 litres, valant......... 209 f.

Paille, 2180 kilogrammes, valant........... 65

Sole B. — 10°,64 absorbés par le blé, produisant 9 hectolitres 31 litres par hectare, et pour 3 hectares, 27 hectolitres 93 litres, valant......... 558

Paille, 4700 kilogrammes, valant............ 141

Total du produit brut............ 973

Le déchet en grain et en paille dans la nouvelle culture, est, comme celui de l'année précédente, de 1183 f.; il se couvre par la vente des $\frac{7}{8}$ du foin de luzerne récolté dans les trois premiers hectares qui ont été mis en assolement rationnel; et il reste une augmentation de revenu en argent d'environ 1500 fr., plus un excédant de 6000 kilogrammes au moins de foin de luzerne à faire consommer par les bestiaux du domaine.

5ᵉ ANNÉE.

Ancienne culture {

Sole J. — 17°,63 absorbés par le blé, produisant 15 hectolitres 43 litres par hectare, et pour 4 hectares, 61 hectolitres 72 litres, valant. 1234 f.

Paille, 10360 kilogrammes, valant. 310

Sole A. — Jachère.

Sole B. — 6°,63 absorbés par l'avoine, produisant 15 hectolitres 49 litres par hectare, et pour 4 hectares, 61 hectolitres 96 litres, valant. 464

Paille, 4830 kilogrammes, valant. 144

Total du produit brut. 2152

Nouvelle culture {

Sole J. — 16°,78 absorbés par le blé, produisant 14 hectolitres 68 litres par hectare, et pour 3 hectares, 44 hectolitres 4 litres, valant. 880

Paille, 7390 kilogrammes, valant. 221

Sole A. — Jachère.

Sole B. — 3°,99 absorbés par l'avoine, produisant 9 hectolitres 32 litres par hectare, et pour 3 hectares, 27 hectolitres 96 litres, valant. 209

Paille, 2180 kilogrammes, valant. 65

Total du produit brut. 1375

Le déficit en grain et en paille de la nouvelle culture n'est, cette année, que de 777 fr. La vente des $\frac{2}{5}$ de la luzerne récoltée dans les 3 hectares qui sont déjà en assolement rationnel le remplit, et porte, en outre, l'augmentation du revenu en argent à environ 1900 fr., sans compter une réserve de 6 mille kilogrammes de foin de luzerne pour le bétail du domaine.

6ᵉ ANNÉE.

Ancienne culture.

Sole J. — 6°,61 absorbés par l'avoine, produisant par hectare 15 hectolitres 44 litres, et pour les 4 hectares de la sole, 61 hectolitres 76 litres, valant... 463 f.

Paille, 4810 kilogrammes, valant. 144

Sole A. — 17°,63 absorbés par le blé, produisant par hectare 15 hectolitres 43 litres, et pour les 4 hectares, 61 hectolitres 72 litres, valant.... 1234

Paille, 10360 kilogrammes, valant........... 310

Sole B. — Jachère.

Total du produit brut............. 2151

Nouvelle culture.

Sole J. — 6°,30 absorbés par l'avoine, produisant par hectare 14 hectolitres 71 litres, et pour 3 hectares, 44 hectolitres 13 litres, valant............. 330

Paille, 3480 kilogrammes, valant........... 104

Sole A. — 16°,78 absorbés par le blé, produisant par hectare 14 hectolitres 78 litres, et pour 3 hectares, 44 hectolitres 4 litres, valant........... 880

Paille, 7390 kilogrammes, valant............. 221

Sole B. — Jachère.

Total du produit brut............. 1535

A quoi il faut ajouter la valeur de la récolte de blé faite cette année-là sur le premier hectare qui a été mis en assolement rationnel. Cette récolte, ayant absorbé 40°,96 (v. le 6ᵉ tableau, page 112), produit 35 hectolitres 64 litres, valant........... 712

Paille, 5980 kilogrammes, valant. 179

Total du produit brut en grain et en paille... 2426

Cette année, les produits en grain et en paille de la nouvelle culture excèdent ceux de la culture ancienne de 275 fr., qui viennent en augmentation du revenu, de même que le prix entier provenant de la vente des ⅔ du foin récolté dans les 2 hectares qui sont en luzerne. Ce prix étant de 1806 fr., il en résulte que l'augmentation du revenu en argent s'élève à environ 2000 fr., outre un supplément d'au moins 4 mille kilogrammes de foin de luzerne réservé pour la consommation des bestiaux du domaine.

Il est inutile de pousser le compte plus loin; car dès ce moment, les parties du domaine rationnellement assolées ne cessent de donner tous les ans des récoltes de céréales, ainsi qu'on le voit dans le tableau suivant, où sont indiquées les récoltes de chaque espèce faites chaque année, durant le cours de la transformation de culture, sur les divers hectares livrés successivement à l'assolement rationnel.

TABLEAU DES RÉCOLTES D'ASSOLEMENT RATIONNEL

faites dans un domaine de 12 hectares pendant les 18 années de la transformation de sa culture.

ANNÉES.	NOMBRES D'HECTARES EN							
	LUZERNE semée.	LUZERNE fauchée.	SAINFOIN semé.	SAINFOIN fauché.	BLÉ.	AVOINE.	VESCES.	TRÈFLE.
1.	I	0	0	0	0	0	0	0
2.	I	I	0	0	0	0	0	0
3.	I	II	0	0	0	0	0	0
4.	0	III	0	0	0	0	0	0
5.	0	III	0	0	0	0	0	0
6.	0	II	0	0	I	0	0	0
7.	I	I	0	0	I	0	I	0
8.	I	I	0	0	II	0	I	0
9.	I	II	0	0	I	0	I	I
10.	0	III	0	0	II	0	0	I
11.	0	III	0	0	I	I	0	I
12.	0	II	I	0	II	I	0	0
13.	I	I	I	I	I	I	I	0
14.	I	I	I	II	II	0	I	0
15.	I	II	0	III	I	0	I	I
16.	I	III	0	II	III	0	0	I
17.	I	IIII	0	I	II	I	I	I
18.	I	IIII	I	0	IIII	I	I	0

Voilà comment, dans l'espace de dix-huit ans, sans aucune avance, sans acheter une seule voiture de fumier, et sans augmenter le bétail entretenu pour la fabrication ordinaire de celui qu'on emploie, on peut convertir à la culture rationnelle un domaine entier, quelque étendu qu'il soit, en vendant les $\frac{7}{8}$ du fourrage artificiel récolté et en obtenant une élévation graduelle de revenu avec diminution de frais de culture. Il y a plus encore, et nous verrons bientôt qu'une fois l'assolement rationnel entièrement établi, on pourrait au besoin, et sans entraver d'une manière absolue la marche de l'exploitation, vendre non-seulement la totalité du fourrage artificiel, mais encore le quart du foin provenant des prés naturels attachés au domaine et même la moitié de la paille des céréales.

Toutefois, l'agriculteur qui a l'entente de son art ne procèdera pas ainsi. Sûr de réaliser son fourrage en produits animaux d'une valeur mercantile égale au prix qu'il aurait retiré de la vente de son foin en nature, il s'empressera d'associer à sa culture modifiée l'industrie du nourrissage; et le surcroît de fumier qu'il fabriquera ainsi, fût-il le seul bénéfice de cette industrie, deviendra pour lui la source de bénéfices nouveaux se produisant et se reproduisant sans cesse et sous toutes les formes. Avec le secours de ce surcroît de fumier, il accélèrera la transformation de sa culture, et cessera d'affaiblir outre mesure les soles auxquelles il emprunte le complément d'engrais qu'il est obligé de donner aux portions de terrain qu'il met successivement en assolement rationnel. Non-seulement il n'affaiblira plus autant ces restes de soles anciennes sur lesquelles il est forcé de continuer encore quelque temps la culture triennale, mais il ajoutera à leur fécondité par des allocations libérales de fumier, et par-là il parviendra à récolter sur des surfaces moindres autant de grain et de paille qu'il en récoltait auparavant.

Ainsi, au lieu de vendre une si grande part du fourrage abondant qu'il recueille dès son entrée dans la voie rationnelle, au lieu d'en vendre même pour la valeur du grain et de la paille qu'il récolte en moins dans les cinq premières années, il n'en vendra que jusqu'à concurrence de la somme nécessaire à l'achat de la paille dont il a besoin pour consommer son fourrage chez lui et le convertir en fumier.

Ces ventes de fourrage, dont je fais dans tous les cas une règle à la pratique de l'assolement rationnel, vont paraître bien étranges aux agronomes de l'ancienne école, imbus de l'idée qu'on ne doit vendre jamais ni paille ni fourrage, et qu'il faut, au contraire, les tous consommer dans la ferme. Je reconnais la justesse de leurs vues et la sagesse de leurs prescriptions. Mais nous sommes ici dans une voie toute nouvelle : qu'ils veuillent bien me suivre dans les explications que j'ai à donner, et ils verront que je comprends la question, et que je ne l'ai pas résolue sans l'avoir étudiée.

Je pourrais dire d'abord que, l'industrie de l'agriculture ayant pour but, comme toutes les autres industries, de réaliser ses produits en argent, l'agriculteur a le droit de vendre tous ceux dont la réservation n'est pas indispensable à la marche régulière de son exploitation. Ainsi, il vend sans difficulté et sans contradiction le grain qui excède les besoins de la semaille ; il vend de même le croît des animaux, leurs sécrétions en laine et en laitage ; en un mot, il fait argent de toute la partie de ses productions qui ne sert pas au roulement de l'usine agricole. Or, l'assolement rationnel employant, par exemple, moitié moins de fumier que l'assolement triennal pour donner des produits trois fois plus élevés, et produisant infiniment plus de fourrage qu'il n'en faut pour fabriquer le fumier qui lui est nécessaire, pourquoi ne vendrait-on pas cet excédant de fourrage, surtout quand c'est pour en échanger le prix contre de la paille destinée à concourir à la consommation de ce qu'on ne vend pas ? Et puisqu'on ne trouve point d'inconvénient dans la vente du grain qui épuise, pourquoi en trouverait-on davantage dans la vente du fourrage qui améliore ? Assurément la fécondité du sol n'aura pas plus à souffrir de cette dernière vente que de la première. On interdit au cultivateur triennal de vendre aucune partie de son fourrage, et on a raison, parce qu'il n'en a jamais trop, parce qu'il n'en aurait même jamais assez pour fabriquer la quantité de fumier qu'il consomme, s'il n'avait pas recours à la ressource du pâturage.

Ces raisonnements, quelque plausibles qu'ils soient, ne sont toutefois que des raisonnements. Entrons plus avant dans la question; discutons-la avec des chiffres, et voyons quelle influence ces ventes de fourrage devront avoir sur la production du fumier.

Deux matières sont indispensables pour fabriquer le fumier : ce sont le foin et la paille; je ne parle pas des bestiaux qui les mettent en œuvre, et qui sont les machines vivantes de cette fabrication. J'admets tout-à-fait en principe que le cultivateur ne doit se permettre de vendre de la paille que dans le cas excessivement rare où il en aurait au-delà de ce qu'exige la préparation du fumier nécessaire à son mode d'assolement : car c'est sa provision de paille qui détermine surtout l'importance de sa fabrication de fumier; et toute culture qui ne fournit pas des matériaux suffisants pour refaire au moins autant de fumier qu'elle en use, est une culture essentiellement défectueuse.

D'après les formules adoptées comme vraies par les agronomes allemands, l'afourragement d'un bon nourrissage emploie, tant pour nourriture que pour litière, autant de fourrage rapporté à l'état sec que de paille, et produit une quantité de fumier double du foin et de la paille employés. Ainsi, la consommation de mille kilogrammes de foin exige l'emploi concurrent de mille kilogrammes de paille; total 2 mille kilogrammes de matériaux qui rendent 4 mille kilogrammes de fumier ou 4 voitures normales.

Cela posé, analisons d'abord les produits fourragers des 7e et 8e tableaux euphorimétriques de la lettre précédente, afin d'avoir des termes de comparaison à mettre en regard des produits semblables de l'assolement rationnel, qui sont consignés dans le 6e tableau de la même lettre, et que nous analiserons également.

L'assolement triennal du 7e tableau emploie 99 voitures de fumier par hectare dans le cours de 21 ans, et il donne dans le même laps de temps 22110 kilogrammes de paille. Il est nécessaire que les prés naturels attachés à l'exploitation aient donné au moins autant de foin pour chaque hectare de terre arable; total 44220 kilogrammes, qui rendront 88440 kilogrammes de fumier ou 88 voitures 1/2. Il y aurait donc dans la reproduction du fumier un déficit de 10 voitures 1/2, ou 1 voiture 1/2 à chaque rotation triennale; mais ce déficit peut être assez facilement comblé par des produits de pâture.

L'assolement quadriennal du 8ᵉ tableau, qui emploie 102 voitures de fumier par hectare en 21 ans, ne produit dans le même temps que 13530 kilogrammes de paille, qui, avec une quantité pareille de foin, rendraient seulement 54 à 55 voitures de fumier. Il y a donc dans cet assolement une production évidemment insuffisante de paille pour pourvoir à la fabrication du fumier qu'il consomme.

Mais si on examine ses ressources en fourrage, abstraction faite du foin des prés naturels qu'il peut avoir à sa disposition, on voit qu'il produit 18 mille kilogrammes de foin de trèfle, plus 662 hectolitres de pommes de terre (1) qui, d'après les formules allemandes, équivalent à environ 30 mille kilogrammes de foin; total 48 mille kilogrammes de fourrage. Pour obtenir une pareille provision de paille, il faudrait en acheter 35 mille kilogrammes à ajouter aux 13 mille récoltés, et on fabriquerait 192 voitures de fumier, c'est-à-dire 90 voitures de plus que l'assolement n'en a consommé. Or, ces 35 mille kilogrammes de paille coûtant 1050 f., les 90 voitures de fumier ainsi fabriquées en surérogation reviendraient à près de 12 fr. la voiture : en sorte qu'il y aurait peu de bénéfice dans cette fabrication.

Si, au contraire, on ne conservait que le fourrage nécessaire pour reproduire la quantité de fumier employée, il suffirait de faire consommer 180 hectolitres de pommes de terre représentant 8 mille kilogrammes de foin, qui seraient ajoutés aux 18 mille kilogrammes de fourrage; et il resterait à vendre 482 hectolitres de pommes de terre qui donneraient 964 fr. Mais ces 964 fr. seraient diminués de 390 fr. et réduits à 574 fr. par l'achat de 13 mille kilogrammes de paille qui devraient être réunis aux 18 mille kilogrammes récoltés, pour égaler la quantité restante de fourrage avec laquelle on fabriquerait 104 voitures de fumier, à peu près autant que l'assolement en a consommé.

____

(1) L'hectolitre de pommes de terre pèse environ 92 kilogr.

Venons à présent à l'assolement rationnel.

Il ne consomme en 21 ans que 66 voitures de fumier par hectare, et il produit dans le même temps 34 mille kilogrammes de paille et 132 mille kilogrammes de foin. En conservant seulement une quantité de foin égale à la quantité de paille, c'est-à-dire 34 mille kilogrammes, on fabriquerait 136 voitures de fumier, au moins le double de ce qui a été employé; et il y aurait à vendre 98 mille kilogrammes de foin, ou les trois quarts de ce qui a été récolté.

Mais si on veut faire consommer chez soi la plus grande quantité possible de ce fourrage, on en vendra seulement le quart ou 33 mille kilogrammes, et il en restera environ 100 mille kilogrammes à consommer. Le foin ayant généralement une valeur double de celle de la paille, avec le prix des 33 mille kilogrammes de foin vendus on achètera 66 mille kilogrammes de paille qu'on réunira aux 34 mille kilogrammes récoltés, afin de porter la provision de paille à 100 mille kilogrammes, lesquels, étant consommés concurremment avec les 100 mille kilogrammes de foin, rendront 400 voitures de fumier. Et comme l'hectare qui a livré les matériaux de ces 400 voitures de fumier n'en demande que 66 voitures pour recommencer une nouvelle rotation rationnelle, il s'ensuit qu'outre son propre approvisionnement de fumier auquel il subvient, il aura fourni encore de quoi fumer 5 autres hectares à raison de 66 voitures chacun. J'avais donc raison de dire que celui qui entreprend la mise en application de l'assolement rationnel peut y trouver des ressources immenses pour abréger la transformation complète de sa culture.

Si, au contraire, on désirait ne fabriquer que le fumier strictement nécessaire aux besoins de l'hectare assolé rationnellement, 17 mille kilog. de foin et 17 mille kilog. de paille seraient suffisants pour cet objet; on pourrait donc vendre alors les $\frac{3}{4}$ du foin et même la moitié de la paille qu'il produit. Et s'il se trouvait dans l'exploitation 8 ares 60 centiares de pré naturel affectés au fumage de cet hectare, il ne faudrait que les trois quarts du foin de ce pré naturel et la moitié de la paille récoltée pour reproduire la quantité de foin qu'il aura usée et qu'il redemandera à la fin de sa rotation de 21 ans; et par conséquent il serait rigoureusement possible, en ce cas, de vendre la totalité du fourrage artificiel, la moitié de la paille, et le quart du foin naturel.

Il résulte clairement de ces calculs,

1° Que le cultivateur triennal est obligé d'employer toute sa paille, et qu'il doit s'interdire d'en vendre sous peine d'affaiblir la fécondité de ses terres en réduisant la fabrication de son fumier;

2° Que le cultivateur quadriennal est forcé d'en acheter autant qu'il en recueille dans sa propre culture, pour ne pas tomber dans le même inconvénient;

3° Que le cultivateur rationnel, au contraire, pourrait à la rigueur vendre la moitié de celle qu'il récolte, ainsi que les ⅔ de son fourrage, et néanmoins posséder encore assez de matériaux pour la confection du fumier nécessaire à son assolement.

Cette possibilité de vendre impunément la moitié de la paille que produit l'assolement rationnel, quand il est complètement établi, est à mes yeux l'un des traits les plus caractéristiques de son excellence et de sa supériorité : car parmi les innombrables assolements que les agronomes de toutes les nations ont préconisés, je n'en ai pas trouvé un seul qui jouisse de cet avantage véritablement extraordinaire, imputable moins encore à l'abondance de ses produits, qu'à la modicité du fumier qu'il use en réalité.

On se demande assez ce que la terre pourra donner; mais on ne connaissait pas jusqu'ici la mesure *exacte* de ses besoins, qui sont dépendants de la nature des récoltes qu'on en exige ; et bien rarement on s'est préoccupé de ce qu'on devrait et de ce qu'on pourrait lui rendre.

SEPTIÈME LETTRE.

En prenant la tâche d'exposer une théorie nouvelle sur la science de l'agriculture, j'ai dû m'imposer la loi de ne faire aucune excursion dans la partie technique de l'art, et de me tenir enfermé dans mon sujet. Cependant je ne crois pas m'en être trop écarté en expliquant avec quelque détail, dans ma dernière lettre, comment l'assolement rationnel, celui que la doctrine euphorimétrique indique comme le meilleur, peut être mis en application sur tous les domaines, non-seulement sans aucune dépense, mais encore avec diminution graduelle de frais de culture et augmentation progressive de revenus.

Pendant que j'étais engagé dans cette voie épisodique, j'aurais dû peut-être en profiter pour dire quelques mots sur la manutention du fumier, qui joue un rôle si important dans la manufacture agricole, et qui est le produit de la première transformation que subit le fourrage dans les voies digestives des bestiaux, avant d'être amené définitivement à l'état de grain. Les écrits des agronomes sont remplis de préceptes minutieux, on pourrait dire puérils, et tous plus ou moins coûteux, sur les soins à donner au fumier avant de l'employer.

Les uns conseillent de le stratifier avec des terres, des gazons, du plâtras, de la marne, etc., et de brasser de temps à autre afin d'opérer le mélange du *compost*.

D'autres recommandent de le déposer en tas sur une place légèrement inclinée où est pratiqué, dans la partie la plus basse, un réservoir destiné à recueillir l'extrait liquide qui se forme pendant la fermentation, et d'arroser de temps en temps la masse avec cet extrait au moyen d'une pompe établie dans le réservoir, ou d'en remplir des tonneaux pour aller le répandre dans les champs.

D'autres enfin, convaincus que la fermentation entraîne une déperdition considérable, veulent que le fumier soit conduit, en le sortant des étables, dans une fosse peu profonde creusée à la tête des champs auxquels il est destiné, et qu'il soit entièrement couvert de terre jusqu'au moment de l'épandre et de l'enfouir à la charrue.

Tous ces procédés sont vicieux; tous occasionent une dépense de main-d'œuvre qui serait au moins inutile quand même elle ne donnerait pas lieu à des résultats contraires au but qu'on se propose d'atteindre par elle. Le fumier ne doit être ni entassé ni remué. Sa substance tout entière concourt à la fertilisation du sol : et ses parties volatiles et gazeuses, et son extractif liquide, et aussi sa fibre ligneuse, qui, imprégnée de matières animales, se décompose avec le temps et devient elle-même soluble.

Or, on sait avec quelle facilité le fumier entre en fermentation quand il est entassé. Une quantité considérable de gaz acide carbonique et d'ammoniaque se dégage alors de la masse et se disperse dans l'atmosphère. En même temps un extractif liquide abondant se sépare des parties solides, et s'écoule sans être utilisé; et lors même que ce liquide est recueilli dans un réservoir et reporté par une pompe au-dessus de la masse, en rentrant dans le foyer de la fermentation, ses principes les plus actifs se volatilisent à leur tour et s'évaporent. Aussi le fumier qui a subi une fermentation complète a-t-il perdu la moitié au moins de son volume et de son poids, et par conséquent la moitié de ses principes fertilisants.

Ces faits, observés par les agriculteurs et étudiés par les chimistes, sont aujourd'hui avérés et passés en évidence.

Thaër, dans ses *Principes raisonnés d'Agriculture*, § 599 et 600, en parlant des différents états où se trouve le fumier quand on l'applique au sol, inclinait déjà à penser qu'il y avait de l'avantage à l'employer frais plutôt que consommé. Il reconnaît, en effet, qu'il est extrêmement nuisible de le remuer lorsqu'il est en pleine fermentation, parce qu'alors il perd par l'évaporation une grande partie de ses principes les plus actifs, mais qu'en l'exposant à l'air avant que sa grande fermentation ait commencé ou après qu'elle est apaisée, il ne perdait rien qu'il ne regagnât d'une autre manière. Il fait remarquer qu'il y a un avantage évident pour l'ameublissement du sol et pour sa fertilisation à étendre à sa surface pendant l'hiver le fumier récent et pailleux et à l'y laisser jusqu'aux labours du printemps, époque à laquelle on peut ramasser sa paille lavée et non pourrie pour l'employer de nouveau comme litière ou même comme fumier. Il annonce aussi les excellents effets de celui qui a été répandu frais au printemps, sans l'enterrer, sur des semailles tardives de pois et de vesces; et il signale comme un fait à la fois remarquable et difficile à expliquer, qu'aux récoltes suivantes le terrain qui a été traité de cette manière, conserve de la supériorité sur ceux dans lesquels on a enterré une plus grande quantité de fumier consommé.

A l'époque où *Thaër* écrivait ainsi ses observations (1809), il était encore dans l'usage de mettre son fumier en tas et de l'arroser avec le jus recueilli dans un réservoir. Depuis, ce grand agriculteur s'était tout-à-fait convaincu qu'il y avait un avantage certain à ne pas le laisser s'user dans une fermentation consomptive qui dissipait sans profit une grande partie de sa puissance fertilisante; et aux derniers temps de sa vie, il s'était imposé la règle de l'employer au moment où il sort des étables, en le faisant conduire et répandre immédiatement sur le sol, chaque fois que la présence des récoltes n'y mettait pas obstacle. Tous ceux qui ont visité *Thaër* ont pu s'en assurer. M. *Bella*, aujourd'hui directeur de l'établissement agricole de Grignon, qui a fait un voyage à *Moëglin* au mois d'août 1826, deux ans avant la mort de *Thaër*, a consigné, dans la relation de ce voyage imprimée au 4e volume des *Annales de Roville*, la notice suivante au sujet de l'emploi du fumier à *Moëglin* : « Il est reconnu que » le fumier le moins décomposé produit le plus d'effet sur la » terre. M. *Thaër* met la plus grande attention à ne pas laisser

» accumuler le tas de fumier, et à le charrier sur les champs le
» plus souvent que la culture le permet. »

Le célèbre chimiste anglais *Humphry Davy*, dans ses *Eléments de Chimie agricole*, ouvrage contre lequel M. de Dombasle a exercé une critique injuste et passionnée, rend compte d'expériences intéressantes qu'il a faites sur la fermentation du fumier, dont il a recueilli, analysé et essayé les produits liquides et gazeux sur la végétation; et il s'attache à montrer les pertes énormes que cette fermentation fait éprouver au cultivateur :
« Une putréfaction trop avancée, dit-il, est extrêmement préjudiciable aux fumiers composés. Il vaut mieux que la masse n'ait pas fermenté du tout avant qu'on en fasse usage, que d'avoir été trop loin. Le phénomène, poussé au-delà des bornes qu'il doit avoir, dissipe les parties les plus efficaces de l'engrais, et produit en définitive les mêmes effets que la combustion.

» Les fermiers ont l'habitude de laisser fermenter leurs fumiers jusqu'à ce que la texture fibreuse de la matière végétale soit rompue, que l'engrais soit tout-à-fait froid, et si doux qu'il se coupe à la bêche. Une foule d'observations et de faits démontrent que cette méthode est nuisible aux intérêts de ceux qui l'emploient. Pendant la violente fermentation qui est nécessaire pour putréfier les fumiers d'étable au point de ne plus être qu'une masse savonneuse et liante, ils éprouvent de si grandes pertes par les liquides et les gaz qui s'en dégagent, qu'ils se réduisent de la moitié aux deux tiers de leur poids. Les fluides élastiques qui s'en échappent sont en grande partie de l'acide carbonique et de l'ammoniaque, qui concourent l'un et l'autre à la nutrition des plantes quand l'humidité les retient dans le sol. C'est d'ailleurs un axiome en chimie, que les principes se combinent bien plus facilement au moment où ils se dégagent que lorsqu'ils sont tout-à-fait libres. Dans la fermentation qu'éprouvent les substances enfouies, les fluides se trouvent, à mesure qu'ils se forment, en contact avec les organes des plantes : ils sont encore chauds au moment où ils s'introduisent dans les racines, et sont bien plus efficaces que si l'engrais eût été putréfié avant qu'on en fît usage.

» Les ouvrages des agronomes instruits sont pleins de faits

qui justifient la méthode que je recommande. *Young*, dans son *Essai sur les Engrais*, donne une foule d'excellentes raisons pour en faire sentir les avantages. Plusieurs agriculteurs, long-temps incertains, se sont enfin rendus à l'évidence, et il n'existe peut-être pas de sujet de recherches sur lequel il y ait une co-incidence aussi parfaite entre les indications de la théorie et les résultats de la pratique. J'en ai vu, pendant ces dix dernières an-nées, de fréquents exemples. Je n'en citerai qu'un seul, qui doit avoir et qui aura, j'en suis sûr, la plus grande autorité parmi les cultivateurs : depuis sept ans, M. Coke (1) a tout-à-fait renoncé au système qu'il suivait pour la manutention des engrais; il les ap-plique frais, et m'annonce qu'ils durent presque deux fois autant, et que les récoltes sont aussi belles que jamais. » (*Eléments de Chimie agricole*, 6ᵉ leçon.)

Il est inutile d'ajouter d'autres témoignages à des autorités si imposantes et qui émanent de juges si compétents. Les analyses et les expériences du chimiste anglais ne laissent d'ailleurs au-cun doute sur l'énorme déperdition de principes fertilisants ga-zeux et liquides que la fermentation fait éprouver au fumier. Dès-lors, nous devons adopter pour règles,

1º Que le fumier ne doit pas rester moins de huit jours ni plus de trois semaines dans les étables ; temps d'incubation pen-dant lequel s'opère, moins un commencement de fermentation proprement dite, que l'amalgame des matières animales et vé-gétales, ou l'infiltration des sucs animaux dans le tissu fibreux de la paille ;

2º Qu'il ne doit point être mis en tas dans les cours ni ailleurs; mais qu'en le sortant des étables et écuries il faut le conduire di-rectement dans les champs auxquels il est destiné, et l'épandre immédiatement, sans jamais renvoyer cette dernière opération au lendemain ;

3º Qu'il faut l'enterrer le plus tôt possible par un labour, et

---

(1) M. Coke, l'un des plus célèbres agriculteurs de la Grande-Bretagne, et qui cultive la magnifique propriété d'Holkham, a été long-temps dans l'usage de transporter le fumier à la tête des champs et de le couvrir entièrement de terre jusqu'au moment de l'emploi.

que si, par une cause quelconque, cet enfouissement est différé de quelques semaines ou de quelques mois, il est utile que le sol qui ne serait pas en herbages ait été préalablement labouré, afin que, le fumier venant à être lavé par les pluies, son suc ne soit pas entraîné au-dehors, mais qu'au contraire il puisse facilement s'imbiber, s'infiltrer et s'incorporer dans le sol ouvert par la charrue;

4° Que dans les assolements à jachère, au lieu de le laisser se perdre en tas dans les cours pendant l'hiver et le printemps, il faut, depuis la moisson jusqu'à l'été suivant, le conduire, l'épancher et l'enterrer à mesure qu'on le sort des étables, et étendre pendant les gelées sur des places entre-hivernées sans fumier celui qui n'était pas encore fait au moment de l'entre-hivernage;

5° Que dans l'assolement rationnel, la moitié du fumier nécessaire doit être transportée des étables et immédiatement enfouie par la charrue, depuis la moisson jusqu'à l'automne, et l'autre moitié étendue sur le labour pendant l'hiver et jusqu'au moment de la semaille de la luzerne, époque où le sol est de nouveau labouré et hersé;

6° Qu'enfin dans toutes les circonstances, et quel que soit le mode d'assolement suivi, le fumier doit être conduit, épandu et mis en œuvre sans aucun retard à mesure de sa fabrication et de sa sortie des étables, dût-on, à défaut de terres arables non dépouillées ou qui ne seraient pas en état de le recevoir comme couverture de récoltes, le répandre sur des champs en fourrage ou en pâturage qui seraient à la veille d'être rompus.

Ces règles, qui se résument toutes dans ces mots, EMPLOI IMMÉDIAT DU FUMIER, ont une importance qui sera facilement comprise. En effet, l'éparpillement du fumier sortant des étables sur le sol auquel il est destiné, n'a pas seulement pour résultat de le soustraire à l'action réductive d'une fermentation qui dissiperait en pure perte une grande partie de ses principes les plus actifs, ce qui est déjà un premier gain d'une haute valeur; mais, de plus, il le met en disposition de travailler dès ce moment à la fertilisation du sol. Je l'ai déjà dit, le fumier ne reste pas inactif même dans le sol non encore ensemencé; la

terre happe ses principes fertilisants gazeux ou liquides et les
tient en réserve; il fait germer autour de lui les semences des
plantes parasites que la charrue enfouit quand elles sont développées, et dont les débris, en se décomposant, profitent à la
fécondité du sol. Aussi l'observation a-t-elle constaté que 10 voitures de fumier appliquées au premier labour de la jachère pro-
duisaient autant d'effet sur la récolte, et par conséquent ajoutaient
autant à la fécondité du sol que 11 voitures qui n'auraient été
données qu'au dernier labour de semaille; 30 voitures profitent
autant que 33 : en un mot, la puissance fertilisante du fumier
s'accroît de 1/10 lorsqu'il est appliqué au premier labour de la
jachère plutôt qu'au labour de semaille.

Le compte euphorimétrique de 1 hectare ayant 20° de fécondité, et fumé à 30 voitures appliquées ou au premier labour de
jachère ou au labour de semaille, s'établit par comparaison de
la manière suivante :

PREMIÈRE HYPOTHÈSE, *où le fumier est appliqué au premier labour de jachère :*	DEUXIÈME HYPOTHÈSE, *où le fumier est appliqué au labour de semaille :*
Fécondité actuelle… 20°	Fécondité actuelle… 20°
30 voitures de fumier. 30	*Jachère sans fumier,* ce qui veut dire *fécon-*
Jachère fumée à 30 voitures, ce qui veut dire *fécondité ajoutée par la jachère à un sol qui a déjà 50°…* 7,40	*dité ajoutée par la jachère au sol qui n'a que 20°*…………… 4,40
	30 voitures de fumier. 30
Total……… 57,40	Total…… 54,40

Différence en faveur de la première hypothèse, 3°, ou 1/10 du
fumier employé.

Cette différence d'action plus ou moins fécondante que le fumier exerce sur le sol, selon qu'il y est appliqué plus tôt ou plus
tard, avait frappé l'esprit observateur de *Thaër*, qui en indique
les causes. « Je regarde, dit-il, comme décidément mieux que le
fumier reçoive trois labours avant les semailles : ainsi, je vou-
drais qu'il fût possible de le charrier de manière à l'enfouir
déjà par le premier labour. J'envisage la méthode de l'employer
au dernier labour comme absolument mauvaise, et comme une

des causes principales du non-succès des céréales. Bien des cultivateurs sont prévenus contre la méthode d'enterrer le fumier avant le labour qui précède celui de semaille, et pensent que de cette manière il perd ses sucs au profit de la végétation des mauvaises herbes; mais cette abondante germination de mauvaises herbes, loin d'être nuisible, est, au contraire, très-avantageuse, parce que leurs semences et leurs racines une fois développées sont d'autant mieux détruites par la charrue qui les enterre, et qu'ainsi enterrées, *elles augmentent évidemment la fécondité du fumier et du sol.* Il suffit d'examiner ce fait avec quelque attention pour s'affranchir de ce préjugé que les cultivateurs se sont communiqué l'un à l'autre, et qui a été admis sans examen. » (*Principes raisonnés d'Agriculture,* § 601.)

Il y a donc double avantage à employer le fumier frais et sans attendre qu'il soit consommé par la fermentation, puisque en même temps qu'on en obtient de plus grands effets de fertilisation par une application plus hâtive, on empêche le déchet énorme qu'il subirait dans sa substance si, restant inactif pour le sol, il fermentait entassé dans les cours de la ferme : par exemple, les 30 voitures sortant des étables, qui produisent, quand elles sont données au premier labour de jachère, autant d'effet que 33 voitures appliquées au labour de semaille, c'est-à-dire qui ajoutent à 1 hectare 33º de fécondité au lieu de 30º, non-seulement n'auraient pas obtenu ce gain de 3º si elles fussent restées oisives à attendre l'époque de la semaille; mais de plus elles auraient perdu, durant cette longue inertie, moitié au moins de leur poids et de leur puissance, et se seraient trouvées réduites peut-être à 15 voitures n'apportant plus à la semaille que 15º de fécondité.

Ainsi, le prompt emploi du fumier sortant des étables, qui ajoute à ses effets d'amélioration en les accélérant, prévient encore la perte de ses gaz qui se dispersent sans profit dans les airs, et celle de ses sucs qui s'écoulent trop souvent dans les rues du village, et qui auraient concouru les uns et les autres à la fertilisation du sol si le fumier y eût été enfoui ou seulement étendu à sa surface, surtout quand elle est labourée.

Et qu'on ne craigne pas que le fumier ainsi épandu sur le sol fermente, et que ses principes fertilisants s'évaporent : en cet état il ne fermente point comme quand il est entassé, et il ne se fait aucune déperdition de gaz. Il s'y opère bien sans doute quelque décomposition ; mais les éléments dissociés s'incorporent dans le sol avec lequel ils sont en contact, ou s'allient avec d'autres éléments puisés dans l'atmosphère pour former des composés nouveaux qui sont également recueillis plus tard par le sol : en sorte que le fumier dans cette position gagne en puissance plutôt qu'il ne perd.

Ce fait a été trop constamment observé et trop bien étudié par *Thaër*, pour qu'il puisse exister la moindre incertitude sur sa réalité : « D'après un grand nombre d'expériences comparatives, dit-il, faites tant par moi que par d'autres agriculteurs, il me semble à peu près hors de doute que le fumier épandu sur le sol, même dans la saison la plus chaude et pendant la sècheresse, loin de rien perdre de sa qualité, gagne au contraire. Cette assertion paraîtra incroyable à tous ceux qui n'ont fait aucune expérience à ce sujet. Il semble, en effet, que le fumier doive nécessairement perdre par l'évaporation ; et cela est si vraisemblable, qu'on a presque universellement conseillé de se hâter de l'enterrer aussitôt qu'il est épandu. J'étais moi-même de cet avis, lorsque mon attention fut attirée de nouveau sur ce sujet par les observations de quelques agriculteurs praticiens qui semblaient démontrer le contraire. L'évaporation du fumier est probablement moins grande qu'on ne le croirait : à la vérité, lorsqu'on le charrie et qu'on l'éparpille, il répand une très-forte odeur de musc ; mais il n'y a aucun moyen d'empêcher cette première évaporation, et il est permis de douter que la quantité de fumier ainsi évaporée soit bien grande, lorsqu'on sait à quel point les corpuscules odorants sont ténus et expansibles, puisque quelques grains de musc suffisent pour remplir l'air de leur parfum pendant des années et pour le communiquer à tous les corps qui entrent dans leur atmosphère, sans perdre sensiblement de leur poids. Ce premier moment passé, le fumier n'exhale plus d'odeur, et, si je dois en croire ma propre expérience, il ne perd rien de son poids.

» Sans doute il n'est pas à l'abri d'éprouver quelque décomposition lorsqu'il est exposé à l'humidité, parce qu'alors il absorbe de l'oxigène et qu'il s'y développe de l'acide carbonique; mais il est probable que cet acide est entraîné par l'eau dans le sol, et qu'il contribue à l'amender : pendant la sècheresse, il ne subit aucune décomposition. Lorsqu'on examine un champ en jachère, à la surface duquel le fumier est demeuré ainsi étendu pendant quelques semaines, on y aperçoit une grande quantité de jeunes plantes d'un vert foncé, même dans les places qu'il ne touchait point : ce qui prouve que sa vertu fertilisante rayonne autour de lui avant qu'il soit recouvert par la terre et absorbé par elle. Il ne paraît donc pas qu'il y ait d'inconvénient à épandre le fumier sur le sol, lors même qu'il devrait y demeurer quelque temps avant d'être enterré. Mais c'est un usage très-vicieux et très-nuisible que de le laisser en petits tas, tels qu'on les fait en déchargeant les chariots : il faut donc avoir pour règle invariable de l'étendre aussitôt qu'il a été ainsi déposé, et de ne pas renvoyer cette opération au-delà d'un jour. » (*Ibid.*, § 600.)

Thaër a persévéré dans cette opinion jusqu'à la fin de sa vie. On lit, en effet, dans la relation déjà citée du voyage de M. Bella, la notice suivante : « M. *Thaër* a reconnu que les fumiers n'é- » prouvaient aucune perte à ce qu'ils restassent étendus, même » pendant trois mois, sur le terrain, quelle que soit la saison, » tandis qu'il y avait désavantage à les laisser en tas. »

Les longues citations que j'ai empruntées à *Thaër* trouveront leur excuse dans la haute importance du sujet. Ce n'est pas peu de chose, en effet, que de savoir utiliser le plus complètement possible, et sans rien perdre de sa substance, cette matière si précieuse, véritable trésor des cultivateurs, qui redonne au sol la fécondité que les céréales lui ont arrachée; matière fugitive, toujours agissante, et dont les éléments à peine agrégés tendent sans cesse à se désunir. J'ai cité de préférence *Thaër*, parce qu'avant lui, ni depuis, nul autre n'a traité les branches diverses de l'agronomie, avec cette large conception, ces vues d'ensemble, cette justesse d'observation et cette rectitude de jugement, qui commandent la confiance, et qui distinguent si éminemment ce grand agronome. *Thaër*, en renonçant à la médecine pour l'art agricole, est devenu l'Hippocrate de l'agriculture : lui aussi mérite le titre de père de cette science, qu'il a étudiée dans la nature même, qu'il a créée sur les ruines de l'empirisme, et dont il a posé les fondements avec cet esprit philosophique qui est le partage des hommes supérieurs. Ses écrits, empreints du sceau du génie, sont du petit nombre de ceux qui traversent les siècles pour aller instruire la postérité.

Il a pu vous paraître étrange que je n'aie point fait figurer les cultures de racines parmi les récoltes d'assolement rationnel. La vérité est qu'après avoir été zélé partisan du nourrissage d'hiver aux racines, comme je l'étais de l'assolement quadriennal qui les produit en surabondance, je n'ai pas tardé à me convaincre que ce genre de nourriture entraînait à des dépenses excessives, et qu'en définitive le bétail était mieux entretenu et s'engraissait aussi bien avec du foin en suffisance qu'avec des racines, de quelque manière qu'elles soient apprêtées. Qu'on fasse consommer à une bonne vache laitière 12 kilogrammes et demi de foin par jour; qu'on lui présente pour la nuit la paille destinée à sa litière du lendemain, et, si l'on veut compléter le confortable, qu'on lui donne une jointée d'avoine après son repas du matin : et on verra si elle ne rend pas autant de lait qu'en la nourrissant aux racines, si son poil n'est pas plus frais, son cuir plus souple, son embonpoint meilleur. On nourrissait, on engraissait, on hivernait de nombreux bestiaux avant que l'usage des racines pour leur nourriture fût connu. Il est même remarquable que les contrées de la France où l'on pratique plus spécialement l'industrie du nourrissage sont précisément celles où on cultive le moins de racines. Que l'on compare le produit d'un hectare de carottes, par exemple, qui exigent un sol profond, avec le produit d'un hectare de luzerne semée dans le même sol et également fumée, et on jugera si la différence du produit net en nourriture consommée n'est pas de plus de 25 p. 0/0 en faveur de l'hectare de luzerne.

Les agriculteurs les mieux intentionnés se morfondent à chercher dans les racines des succédanés au foin dont ils n'ont jamais assez pour confectionner le fumier qui leur est nécessaire;

ils supputent sans cesse combien ils doivent employer de kilogrammes de racines de telle ou telle espèce pour remplacer telle quantité de foin qu'ils sont obligés de retrancher à leur bétail à cause de l'insuffisance de leur provision. Mais s'ils employaient à créer des herbages le sol, le fumier et l'argent qu'ils consacrent à se procurer ce complément de fourrage en racines, ils auraient à peu près de bénéfice certain tout l'argent qu'ils distribuent en détail dans ces cultures coûteuses et toujours plus ou moins épuisantes.

D'ailleurs, s'ils veulent nourrir leur bétail d'une manière tant soit peu profitable, ils ne peuvent se dispenser de lui donner une partie de sa ration en foin. *Thaër* porte cette partie à la moitié, et voici comment il évalue la ration de racines : « Quelques cul-
» tivateurs, dit-il, ont trouvé, comme moi, que lorsque le bétail
» consomme des racines, le mieux est de donner la moitié de la
» nourriture en foin et l'autre moitié en racines. Par exemple,
» une vache qui eût consommé par jour 10 kilogrammes de foin
» si on le lui eût donné sans mélange, en recevra seulement 5
» kilogrammes, et à la place des 5 autres kilogr., 10 kilogr.
» de pommes de terre, ou 13 kilogr. de carottes, ou 17 kilogr.
» de rutabaga, ou 23 kilogr. de betteraves champêtres, ou 26
» kilogr. de raves. Quand les vaches mangent des pommes de
» terre, la ration de foin contribue surtout à la qualité du lait,
» parce que si elles ne mangent que des pommes de terre et de
» la paille, le lait produit un beurre blanc, caseux et qui dé-
» vient promptement amer, comme lorsqu'elles mangent de la
» farine. » (*Principes raisonnés d'Agriculture*, § 1406.)

Les Allemands, qui avaient pris au sérieux l'assolement quadriennal, ont cultivé d'abord des quantités prodigieuses de racines, principalement des pommes de terre qu'ils utilisaient en les distillant, et dont les résidus étaient employés à la nourriture des bestiaux. Cependant aujourd'hui les plus éclairés d'entre eux, ceux dont la pratique peut servir de modèle, et qui n'ont pas de distillerie à faire fonctionner, ont considérablement restreint ces cultures dispendieuses, qu'ils ont remplacées par des fourrages à faucher et des pâturages semés : de cette manière, le nourrissage, au lieu d'être une charge onéreuse, est devenu entre leurs mains une industrie très-profitable par le croît, le fumier et l'accroissement de fécondité obtenus presque sans frais et à sol *fermé*.

Je crois décidément que cet exemple est à imiter, et que, par des motifs manifestes de plus grande production à la fois et de plus d'économie dans la production, la culture des racines doit être réduite au strict nécessaire de l'exploitation. Il n'est pas utile non plus que cette culture porte sur plusieurs espèces de racines. La pomme de terre est incontestablement celle qui doit être préférée, non pas peut-être à cause de l'abondance de ses produits, qui sont moins volumineux, quoique plus nutritifs, que ceux des autres plantes du même genre ; mais à cause de la plus grande facilité de sa culture, et surtout du mérite précieux de servir à la nourriture des hommes en même temps qu'à celle des animaux. 2 hectares sur 100, ou $\frac{1}{50}$ de la superficie arable du domaine, annuellement plantés en pommes de terre, me semblent devoir donner des produits suffisants pour tous les besoins réels de l'exploitation. C'est là mon opinion bien réfléchie et bien arrêtée, que j'émets en dehors de la doctrine euphorimétrique, quoiqu'elle pourrait au besoin se justifier par elle, et dont la manifestation sort par conséquent de mon sujet. Mais ce qui y rentre tout-à-fait, c'est d'examiner si la combinaison quadriennale *pommes de terre fumées, orge, trèfle, blé,* qui a été tant conseillée par les agronomes modernes, est bien réellement la meilleure, et si elle ne pourrait pas être remplacée avec quelque avantage par une autre combinaison quadriennale ou même par une combinaison triennale des mêmes récoltes.

Cette recherche me ramène naturellement à l'application de ma théorie. La question a une très-haute importance : car elle implique toutes les espèces de récoltes sarclées, en quelque proportion qu'elles entrent dans la culture totale ; et il suffit qu'elle soit résolue pour la pomme de terre, puisque les résultats comparatifs obtenus pour cette plante détermineront par analogie quelle est la combinaison la plus favorable à toutes les récoltes du même genre.

L'assolement quadriennal se composant de 4 années de récoltes diverses, l'ordre d'arrangement successif de ces récoltes est mathématiquement susceptible de 24 combinaisons différentes. Mais on conçoit que toutes n'ont pas besoin d'être expérimentées, et qu'un grand nombre d'entre elles peuvent être éliminées de prime-abord par le seul raisonnement. Avant tout, il faut se demander quel est le but principal qu'on se propose. L'assolement quadriennal produit du blé et de l'orge pour la nourriture de l'homme, du trèfle et des pommes de terre pour la nourriture des bestiaux; il a été imaginé pour donner ces deux natures de produits dans une mesure à peu près égale : mais il est évident que si on cherche à produire surtout du grain, l'ordre successif des récoltes doit être disposé autrement que lorsqu'on veut produire préférablement des pommes de terre et du trèfle. En effet, la totalité du fumier s'appliquant à la première récolte, si la fécondité qu'il apporte au sol est usée d'abord par le blé et par l'orge, il est certain que le trèfle et les pommes de terre qui viendront ensuite, et qui trouveront le sol épuisé, ne donneront que des produits très-médiocres; tandis que si, au contraire, le trèfle et les pommes de terre sont mis en position de profiter du fumier avant les céréales, ils donneront des produits dont l'abondance sera en rapport avec la fécondité à laquelle le sol a été porté par l'addition du fumier, principalement si le trèfle, qui y ajoute encore, occupe le sol avant les pommes de terre, qui déjà elles-mêmes sont épuisantes.

Au reste, on va voir ces prévisions du raisonnement pleinement confirmées par le calcul euphorimétrique de 7 combinaisons différentes, dont je résumerai les produits dans un tableau de récapitulation, après avoir établi le compte détaillé de trois d'entre elles seulement pour ne pas surcharger cette lettre d'un trop grand nombre de tableaux.

Parmi les 24 combinaisons diverses dont l'assolement quadriennal est susceptible, il n'y en a réellement que 6 qui présentent entre elles des différences tranchées; les 18 autres n'en sont que des dérivés offrant le même ordre dans la succession des récoltes, et commençant seulement la rotation par une récolte différente. Ainsi, 1. blé, 2. pommes de terre, 3. orge, 4. trèfle; et 1. trèfle, 2. blé, 3. pommes de terre, 4. orge, ne sont que la même combinaison, dont l'une commence par le blé et l'autre

par le trèfle, et elles dérivent toutes deux de l'assolement quadriennal ordinaire 1. pommes de terre, 2. orge, 3. trèfle, 4. blé.

Les 6 combinaisons qui diffèrent réellement entre elles sont
les suivantes :

1.	2.	3.
1. Pommes de terre.	1. Pommes de terre.	1. Pommes de terre.
2. Orge.	2. Blé.	2. Blé.
3. Trèfle.	3. Trèfle.	3. Orge.
4. Blé.	4. Orge.	4. Trèfle.

4.	5.	6.
1. Pommes de terre.	1. Pommes de terre.	1. Pommes de terre.
2. Orge.	2,3. Trèfle.	2,3. Trèfle.
3. Blé.	4. Blé.	4. Orge.
4. Trèfle.	5. Orge.	5. Blé.

Mais de ces 6 combinaisons je supprimerai d'abord les 2 dernières, parce que, le trèfle ne pouvant pas être semé dans les
pommes de terre, et par conséquent devant être dans ce cas
semé seul, elles donneraient lieu à une rotation quinquennale
qui compliquerait sans utilité notre examen. Je supprimerai
aussi la 4ᵉ, qui ne diffère de la 3ᵉ qu'en ce que l'orge précède le
blé, au lieu de venir après lui : changement qui apporte bien
quelque différence, mais peu sensible, dans les produits.

Je vais donc examiner les 3 combinaisons qui restent, en les
disposant d'abord dans l'ordre où le trèfle est à la fin de la rotation, puis dans celui où il est au commencement, c'est-à-dire
dans la disposition la plus défavorable, et dans celle qui est la
plus avantageuse à l'ensemble des produits. L'assolement quadriennal ordinaire figurera le premier sur le tableau pour servir
de type de comparaison, et se trouvera dès-lors reproduit sous
trois formes différentes : 1° dans son état ordinaire ; 2ᵉ dans sa
disposition la plus défectueuse ; 3° et dans celle qui est la plus
profitable. Nous aurons ainsi à faire le compte euphorimétrique
des 7 assolements suivants :

<table>
<tr><td>N° 1*.</td><td>N° 2*.</td><td>N° 3.</td><td>N° 4.</td></tr>
<tr><td>1. Pom. de t. fum.</td><td>1. Blé fumé.</td><td>1. Orge fum.</td><td>1. Pom. de t. fum.</td></tr>
<tr><td>2. Orge.</td><td>2. Pom. de t.</td><td>2. Po. de t.</td><td>2. Blé.</td></tr>
<tr><td>3. Trèfle.</td><td>3. Orge.</td><td>3. Blé.</td><td>3. Orge.</td></tr>
<tr><td>4. Blé.</td><td>4. Trèfle.</td><td>4. Trèfle.</td><td>4. Trèfle.</td></tr>
</table>

<table>
<tr><td>N° 5*.</td><td>N° 6.</td><td>N° 7.</td></tr>
<tr><td>1. Trèfle fumé.</td><td>1. Trèfle fumé.</td><td>1. Trèfle fumé.</td></tr>
<tr><td>2. Blé.</td><td>2. Orge.</td><td>2. Pommes de terre.</td></tr>
<tr><td>3. Pommes de terre.</td><td>3. Pommes de terre.</td><td>3. Blé.</td></tr>
<tr><td>4. Orge.</td><td>4. Blé.</td><td>4. Orge.</td></tr>
</table>

Le compte euphorimétrique des 7 n^{os} est fait pour 1 hectare pendant 12 ans ou 3 rotations entières, afin de pouvoir les mieux comparer. Je suppose le sol d'une fécondité médiocre de 16°, auquel on alloue une faible fumure de 12 voitures à chaque rotation : en sorte que chaque hectare reçoit 48 voitures de fumier en 12 ans. Je choisis à dessein ces conditions défavorables, pour faire mieux ressortir la valeur respective des diverses modifications. Le mouvement euphorimétrique des n°s 1, 2 et 7, qui sont les seuls dont je crois nécessaire de présenter le détail, s'opère de la manière indiquée dans les trois tableaux suivants :

Nota. Les n^{os} marqués d'un * ne sont autres que l'assolement quadriennal ordinaire, dont la rotation commence à des récoltes différentes.

1er TABLEAU.

ASSOLEMENT QUADRIENNAL ORDINAIRE, N° 1.

| | FÉCONDITÉ | | |
	AJOUTÉE.	ABSORBÉE.	RESTANTE.
Fécondité actuelle. . . .	»	»	16 degrés.

ANNÉES.	RÉCOLTES.	AJOUTÉE.	ABSORBÉE.	RESTANTE.
1.	Pom. de t. fum. à 12 voit.	17,20	8°30	24,90
2.	Orge.	»	6,23	18,67
3.	Trèfle.	2,92	»	21,59
4.	Blé.	»	8.64	12,95
5.	Pom. de t. fum. à 12 voit.	16,89	7,46	22,38
6.	Orge.	»	5,60	16.78
7.	Trèfle.	2,55	»	19,33
8.	Blé.	»	7,73	11,60
9.	Pom. de t. fum. à 12 voit.	16,76	7,09	21,27
10.	Orge.	»	5,32	15,95
11.	Trèfle.	2,38	»	18,33
12.	Blé.	»	7,33	11

Détérioration du sol. . . . . 5°

Fécondité absorbée :

Par le blé, 23°,70, produisant 20 hectolitres
 73 litres, valant. . . . . 414 f.

Par l'orge, 17°,15, produisant 28 hectoli-
 tres 53 litres, valant. 299

Paille, 6270 kilogr., valant. 188

} 901 f.

Fécondité sur laquelle ont végété les 3 récoltes de trèfle, 51°,40, produisant 8730
 kilogr. de foin, valant. 523

Fécondité sur laquelle ont végété les 3 récoltes de pommes de terre, 76°,55, produisant 254 hectolitres, valant. 508

} 1031

Total du produit brut en argent de 12 années. . 1932

Produit brut moyen par année. 161

2ᵉ TABLEAU.

ASSOLEMENT QUADRIENNAL ALTÉRÉ, Nᵒ 2.

		FÉCONDITÉ		
		AJOUTÉE.	ABSORBÉE.	RESTANTE.
	Fécondité actuelle....	»	»	16 degrés.
ANNÉES.	RÉCOLTES.			
1.	Blé fumé à 12 voitures..	12ᵒ	11ᵒ20	16ᵒ80
2.	Pommes de terre......	4,08	5,22	15,66
3.	Orge...............	»	3,92	11,74
4.	Trèfle..............	1,54	»	13,28
5.	Blé fumé à 12 voitures..	12	10,11	15,17
6.	Pommes de terre......	3,91	4,77	14,31
7.	Orge...............	»	3,58	10,73
8.	Trèfle..............	1,34	»	12,07
9.	Blé fumé à 12 voitures.	12	9,63	14,44
10.	Pommes de terre......	3,84	4,57	13,71
11.	Orge...............	»	3,43	10,28
12.	Trèfle..............	1,25	»	11,53

Détérioration du sol...... 4ᵒ47

Blé, 30ᵒ,94, — 27 hectolitres 7 litres................ 541 f.

Orge, 10ᵒ,93, — 18 hectolitres 18 litres............. 190

Paille, 6320 kilogrammes......................... 189

Total........................ 920

Trèfle, 32ᵒ,75, — 5570 kilogrammes...... 334 f. } 643
Pommes de terre, 46ᵒ,41, — 154 hectolitres.. 309 }

Total........................ 1563

Moyenne par année............. 130

3ᵉ TABLEAU.

ASSOLEMENT QUADRIENNAL AMÉLIORÉ, Nº 7.

		FÉCONDITÉ		
		AJOUTÉE.	ABSORBÉE.	RESTANTE.
	Fécondité actuelle....	»	»	16 degrés
ANNÉES.	RÉCOLTES.			
1.	Trèfle fumé à 12 voitures.	16,80	»	32,80
2.	Pommes de terre......	5,68	9,62	28,86
3.	Blé.............	»	11,54	17,32
4.	Orge............	»	4,33	12,99
5.	Trèfle fumé à 12 voit....	16,19	»	29,18
6.	Pommes de terre......	5,30	8,62	25,86
7.	Blé.............	»	10,34	15,52
8.	Orge............	»	3,88	11,64
9.	Trèfle fumé à 12 voit..	15,92	»	27,56
10.	Pommes de terre......	5,15	8,18	24,52
11.	Blé.............	»	9,81	14,72
12.	Orge............	»	3,68	11,04
	Détérioration du sol......... 4,96			

Blé, 31º,69, — 27 hectolitres 72 litres............ 554 f.

Orge, 11º,89, — 19 hectolitres 78 litres.......... 207

Paille, 6590 kilogrammes..................... 197

958

Trèfle, 76º,63, — 13020 kilogrammes. ...... 781 }
Pommes de terre, 89º,54, — 298 hectolitres.. 596 } 1377

Total.................. 2335

Moyenne par année.......... 194

Rapprochons maintenant les produits particuliers des sept combinaisons dans un tableau de récapitulation, en tête duquel nous allons reproduire leurs formules, afin de *synoptiquer* dans un seul cadre tous les éléments de comparaison.

Nº 1.	Nº 2.	Nº 3.	Nº 4.
1. Pom. de t. f.	1. Blé fumé.	1. Orge fumée.	1. Pom. de t. f.
2. Orge.	2. Pom. de t.	2. Pom. de t.	2. Blé.
3. Trèfle.	3. Orge.	3. Blé.	3. Orge.
4. Blé.	4. Trèfle.	4. Trèfle.	4. Trèfle.

Nº 5.	Nº 6.	Nº 7.
1. Trèfle fumé.	1. Trèfle fumé.	1. Trèfle fumé.
2. Blé.	2. Orge.	2. Pomm. de t.
3. Pomm. de t.	3. Pomm. de t.	3. Blé.
4. Orge.	4. Blé.	4. Orge.

RÉCAPITULATION EN ARGENT

DES PRODUITS BRUTS DES SEPT ASSOLEMENTS PENDANT DOUZE ANS.

ASSOLEMENTS.	PRODUITS EN			TOTAL.	MOYENNE par an.	PERTE de fécondité.
	Grains et Paille.	Foin.	Pommes de terre.			
	fr.	fr.	fr.	fr.	fr.	
Nos 1.	901	523	508	1932	161	— 5º
2.	920	334	309	1563	130	— 4º,47
3.	889	322	382	1593	132	— 5º
4.	822	311	504	1637	136	— 5º,52
5.	1079	794	364	2237	186	— 4º,08
6.	1041	787	450	2278	189	— 4º,52
7.	958	781	596	2335	194	— 4º,96

Dans un sol d'une fécondité moyenne de 20º, qui aurait reçu une bonne fumure de 24 voitures à chaque rotation, les sept assolements auraient donné en douze ans les divers produits bruts ci-après, également évalués en argent.

ASSOLEMENT.	PRODUITS EN			TOTAL.	Moyenne par an.	GAIN ou PERTE de fécondité.
	Grains et Paille.	Foin.	Pommes de terre.			
	fr.	fr.	fr.	fr.	fr.	
Nos 1.	1521	875	880	3276	273	+ 0°,14
2.	1578	544	530	2652	221	+ 0°,66
3.	1502	533	660	2695	224	+ 0°,15
4.	1378	522	874	2774	231	— 0°,38
5.	1849	1362	630	3841	320	+ 1°,07
6.	1776	1355	784	3915	326	+ 0°,62
7.	1627	1348	1040	4015	334	+ 0°,17
						(1)

En dissertant sur le tableau de récapitulation qui précède, il serait extrêmement facile de justifier par le raisonnement la différence des résultats obtenus dans ces modifications diverses de l'assolement quadriennal. On expliquerait, par exemple, pourquoi le n° 5 donne plus de grain, plus de foin, mais moins de pommes de terre que le n° 7; pourquoi le n° 2 produit passablement de grain et peu de pommes de terre; pourquoi les n°s 5, 6 et 7 font naître deux fois plus de foin que les n°s 2, 3 et 4; pourquoi le n° 7 rend presque deux fois plus de pommes de terre que le n° 2, etc. : mais je veux m'abstenir de ces commentaires qui me conduiraient trop loin. Chacun peut, à l'inspection du tableau, apprécier le mérite relatif de ces variantes de l'assolement quadriennal ordinaire, reconnaître que celui-ci n'occupe qu'un rang secondaire même parmi ses homogènes, et juger enfin combien il était peu digne du titre pompeux d'*assolement perfectionné*, qui lui avait été décerné par les agronomes de la fin du siècle dernier. On remarque en effet que s'il est le 2e en ordre pour la production de la pomme de terre, il n'est que le 5e pour la production du grain, le 4e pour celle du foin, ainsi que pour la valeur d'ensemble des produits, et qu'il est un de ceux qui ménagent le moins la fécondité du sol.

(1) Le signe + indique la bonification du sol, et le signe — indique sa détérioration.

Et qu'on ne vienne pas objecter que mes évaluations de produits en trèfle et en pommes de terre reposent sur des rapports purement *conventionnels* entre la fécondité du sol et les quantités produites. Cela est vrai quant au *chiffre* de quantité des produits; mais en réalité le rapport existe incontestablement. Ainsi, si 1° de fécondité produit par hectare une quantité x de foin de trèfle, et s'il produit une quantité y de pommes de terre, 2° produiront $2x$ de foin de trèfle ou $2y$ de pommes de terre; et comme dans mes calculs j'assigne la même valeur à ces deux inconnues, il en résulte que les produits évalués en chiffres se comparent entre eux d'une manière exacte. Par exemple, dans le n° 2 les trois récoltes de trèfle qui ont été faites sur un hectare de terrain dans l'intervalle de douze ans ont végété sur 32°,75 de fécondité : supposez, si vous voulez, que chaque degré ne produise que 1 kilogramme de foin, on en aurait récolté en ce cas 32,75 kilogrammes. Dans le n° 7, les trois récoltes du trèfle ont végété, au contraire, sur 76°,63, parce que le sol lui a été livré avant que la fécondité introduite par le fumier ait été dévorée par les céréales; le produit aurait donc été là de 76,63 kilogrammes : les deux quantités de foin récoltées sont donc entre elles comme 32,75 est à 76,63. En multipliant les deux termes de cette proportion par un même nombre, le rapport qui existe entre eux ne changera pas. Or, si on les multiplie tous deux par le nombre 10,2, on obtient pour le premier 334,05, et pour le second 781,626 : ce sont précisément, en négligeant les fractions décimales, les deux sommes d'argent représentant la valeur du trèfle recueilli dans chacun de ces deux n°s.

Il en est de même pour les quantités récoltées en pommes de terre. Celles qui ont été produites par le n° 2 ont végété sur 46°,41 de fécondité, tandis que celles du n° 7 ont végété sur 89°,54 : quand on admettrait que chaque degré de fécondité n'aurait produit par hectare que 1 litre de pommes de terre, la production du n° 2 aurait été de 46,41 litres, et celle du n° 7 de 89,54 litres. Le rapport de production entre les deux n°s serait donc comme 46,41 est à 89,54. Or, en multipliant les deux termes par le même nombre 6,66, ce qui ne change point leur rapport, on obtient pour l'un 309,0906, et pour l'autre 596,3364, ce qui fait, en négligeant les fractions décimales, les valeurs indiquées des récoltes de pommes de terre dans les deux n⁰ˢ.

Ainsi, on ne peut récuser la précision *comparative* de mes calculs euphorimétriques, à moins de prétendre, et surtout de prouver qu'un sol qui n'a reçu que 6 voitures de fumier produira autant de trèfle ou de pommes de terre que le même sol qui en aura reçu 12 voitures, ou de prouver, ce qui revient au même, qu'un sol dont la fécondité avait été renforcée par 12 voitures de fumier, et qui en a cédé plus de la moitié à des récoltes épuisantes, donnera néanmoins autant de trèfle ou de pommes de terre que lorsqu'il n'a rien encore dépensé de la fécondité reçue, ou qu'il y a même ajouté le bienfait d'une récolte améliorante.

Ceux qui ne réfléchissent point, trouveront sans doute extraordinaire qu'il y ait une si grande différence entre les produits de même espèce recueillis dans le même sol qui reçoit la même dose de fumier. Mais ce résultat se comprend très-bien lorsqu'on fait attention à toutes les causes de débilitation qui agissent sur les récoltes de trèfle et de pommes de terre dans le n° 2, par exemple, et à toutes les causes de confortation qui les favorisent dans le n° 7. Ces influences sont si évidentes, qu'il est inutile de les signaler davantage.

L'agriculteur peut donc tenir pour dignes de foi les chiffres *comparatifs* du *tableau de récapitulation*, et choisir, d'après les indications qu'ils fournissent, la combinaison la plus propice à sa récolte de prédilection. S'il désire, avant tout, produire du grain dans un assolement à racines, il choisira entre le n° 5 et le n° 6; s'il tient au fourrage et au grain plus qu'aux racines, il donnera la préférence au n° 5; si, au contraire, ce sont des racines qu'il cherche principalement à produire, il adoptera le n° 7; les trois derniers n⁰ˢ sont, en effet, les mieux appropriés aux convenances diverses.

La prévention que quelques agriculteurs ont conçue contre la culture du blé après les pommes de terre, ne doit pas être une cause de défaveur contre les n⁰ˢ 6 et 7 où cette succession se présente. La réussite du blé, dans un sol bien pourvu de fécondité, est aussi sûre après les pommes de terre qu'après toute autre récolte, lorsqu'on le sème seulement au premier dégel de février : les jeunes plantes ont moins à redouter la rigueur des grands froids dans un sol ameubli à l'excès; la moisson est à peine retardée de huit jours, et le produit en grain et en paille est tout aussi abondant que si la semaille eût été faite en octobre à la suite d'une jachère dans des conditions égales de fécondité. Aujourd'hui, en Angleterre, les agriculteurs les plus éclairés préfèrent ce mode de semaille à celui d'automne; leurs terres sont préparées par un labour d'entre-hivernage; ils sèment en février le blé d'automne sur ce labour aussitôt que la terre est dégelée, et ils le recouvrent simplement avec la herse.

Parmi les considérations qui peuvent déterminer le choix à faire dans ces combinaisons diverses, on aurait tort d'attacher une importance trop exclusive à la plus grande production des céréales : car, quelque modification qu'on fasse subir à l'assolement quadriennal, il est dans sa nature d'être mauvais producteur de grains; et jamais il n'aura sous ce rapport qu'un mérite très-médiocre. Le tableau de récapitulation en offre une preuve nouvelle, puisque le chiffre 901 représentant la valeur du grain et de la paille de l'assolement quadriennal ordinaire, n'a pas pu être élevé au-delà de 1079 dans la combinaison la plus favorable à ce genre de produit, quoique le chiffre des pommes de terre s'y trouve abaissé de plus d'un tiers. Il faut donc renoncer à en faire jamais un système général de culture qui embrasse une exploitation tout entière : il vaut beaucoup mieux, comme je l'ai dit, restreindre autant que possible l'étendue de terrain qui lui est consacrée, en choisissant dans ses combinaisons celle qui est la plus favorable aux récoltes de racines et de fourrage qu'on a pour but de se procurer par ce mode de culture, et chercher dans l'assolement rationnel précédemment indiqué les produits sérieux de grain et de paille qu'on est bien plus sûr d'y trouver. A ce point de vue, le n° 7, qui donne le plus de pommes de terre avec une assez grande quantité de trèfle et de grain, doit l'emporter sur le n° 5 et sur le n° 6, qui font naître le plus de céréales et de trèfle, mais qui fournissent des quantités inférieures de racines.

Ainsi, sur un domaine de 100 hectares de terres arables, dont

8 seraient soumis à la culture quadriennale n° 7 dans le but de fabriquer des racines pour les besoins de l'exploitation, 2 hectares seraient annuellement récoltés en pommes de terre. Cette surface de terrain d'une fécondité de 16°, recevant à chaque rotation 20 voitures de fumier par hectare, donnerait en moyenne au moins 260 hectolitres de tubercules par an; quantité bien suffisante pour servir de hors-d'œuvre à des repas d'hiver, où le foin serait la nourriture fondamentale.

D'autres, encore moins convaincus de l'utilité des racines employées à la nourriture du bétail au-delà d'une mesure infiniment modérée, accorderont peut-être la préférence au n° 5, qui produit peu de racines, mais qui est au premier rang pour la production du trèfle et pour celle du blé.

Quoi qu'il en soit, la défectuosité de toutes ces combinaisons quand on n'a pas de hautes doses de fumier à leur concéder, se reconnaît à un symptôme infaillible que décèle la touche euphorimétrique : ce symptôme est la décroissance de fécondité. La dégénérescence d'un sol dont la fertilité est déjà au-dessous de la moyenne, accuse dans l'assolement un vice radical, qui demande absolument un remède.

Deux moyens d'y pourvoir se présentent naturellement à l'esprit : ou il faut maintenir le sol en état de suffire au travail qu'on lui impose, par des allocations plus libérales de fumier; ou bien, si on est réduit à l'impuissance de ce côté, il faut modifier l'assolement de manière à restreindre son action d'épuisement à des proportions qui soient en rapport avec les faibles secours de fumier qu'on peut lui accorder.

Or, pour que la fécondité flottante d'un sol soumis à l'assolement quadriennal ordinaire ne descende pas au-dessous de 20°, il est indispensable, ainsi que le calcul euphorimétrique le démontre, qu'il reçoive au moins 24 voitures de fumier par hectare à chaque rotation : autrement, sa force productive décroît, et avec elle les produits de toute nature; à chacune des périodes qui se succèdent on a des récoltes de trèfle de plus en plus déchéantes, ce qui a fait dire aux agronomes de l'ancienne école que la terre se *lassait* de le reproduire trop souvent, et par suite l'amélioration qu'il devait apporter s'amoindrît au préjudice de toutes les récoltes qui viennent après lui.

Lors donc qu'on se trouve dans l'impossibilité de fournir à l'assolement quadriennal les 24 voitures de fumier au moins par hectare, qu'il exige impérieusement à chaque rotation pour que la fécondité ne tombe pas au-dessous d'un état moyen de 20°, il devient nécessaire de mitiger son action épuisante, en substituant à la récolte de blé qui enlevait 40 p. 0/0 de la fécondité existante, une récolte d'avoine ou une récolte d'orge qui n'en enlèvent que 25 p. 0/0. Au moyen de cette substitution, les nos 1, 5, 6 et 7 sont transformés ainsi qu'il suit :

Nº 1.	Nº 5.	Nº 6.	Nº 7.
1. Pom. de t. f.	1. Trèfle fumé.	1. Trèfle fumé.	1. Trèfle fumé.
2. Orge.	2. Avoine.	2. Orge.	2. Pom. de t.
3. Trèfle.	3. Pom. de t.	3. Pom. de t.	3. Orge.
4. Avoine.	4. Orge.	4. Avoine.	4. Avoine.

Laissons à l'écart le nº 6, dont la constitution devient presque identique à celle du nº 5 ; les produits de 12 ans des 3 autres nos, dans un sol de 16° fumé à 12 voitures par hectare à chaque rotation, seront ainsi modifiés :

Nos.	Grain et paille.	Foin.	Pommes de terre.	Total.	Gain de fécondité.
1.	792 f.	574 f.	562 f.	1928 f.	$+0°,36$.
5.	951	871	500	2322	$+1°,05$.
7.	861	862	660	2383	$+0°,42$.

La valeur des produits en grain se trouve, à la vérité, diminuée par l'effet de cette substitution de l'avoine au blé ; mais il y a augmentation des produits en trèfle et en pommes de terre, et la fécondité du sol se maintient à son état médiocre de 16° sans descendre plus bas. Si la substitution était faite dans un sol d'une fécondité moyenne de 20°, l'euphorimétrie démontre qu'au lieu de 24 voitures, il suffirait qu'il reçût 16 voitures par hectare à chaque rotation pour conserver cette fécondité moyenne de 20°, ou pour y arriver après un certain nombre de périodes, dans le cas où elle aurait été primitivement au-dessous.

Le remplacement de la céréale d'hiver par une céréale de

printemps constitue donc une véritable amélioration de l'assolement quadriennal, quand on n'a pas de grandes masses de fumier à lui départir. Mais il est possible d'arriver à une amélioration plus grande encore en poursuivant les conséquences du principe de la réduction d'épuisement.

En effet, puisqu'il est avéré que l'assolement quadriennal, à quelque combinaison qu'on le soumette, est mauvais producteur de grains, et qu'on doit par conséquent en restreindre l'usage à la fabrication des racines dont on peut avoir besoin, il est évident qu'il y aurait économie de terrain et de fumier à supprimer l'une des deux récoltes de céréales qui entrent dans sa composition, et à le transformer en assolement triennal ainsi formulé : 1. pommes de terre, 2. avoine ou orge avec trèfle, 3. trèfle. Alors, au lieu d'y consacrer 8 hectares sur 100 de terres arables, on y affecterait seulement 6 hectares, dont tous les produits en racines, en fourrages fauchés, et même en grains, seraient employés à la nourriture des bestiaux. Le fumier étant appliqué tous les trois ans au lieu de l'être tous les quatre ans, sa dose pourrait être d'un quart moins forte; et néanmoins les produits en trèfle et surtout en pommes de terre seraient plus élevés, et le sol gagnerait infiniment plus en fécondité par suite de la suppression d'une céréale : toute la question se réduirait à savoir à laquelle des trois récoltes le fumier devrait être attribué de préférence.

Les récoltes se suivant dans un ordre qui ne varie point, on pourrait croire qu'il est indifférent de l'allouer à l'une plutôt qu'à l'autre. Il n'en est rien cependant; et, à cet égard, l'euphorimétrie établit des différences de résultats qui avaient été à peine remarquées jusqu'ici, et qu'on ne saurait trop mettre en relief. Les trois cas se diversifient ainsi quant à l'application du fumier :

N° A.	N° B.	N° C.
1. Pom. de t. fumées.	1. Orge fumée.	1. Trèfle fumé en hiver.
2. Orge.	2. Trèfle.	2. Pommes de terre.
3. Trèfle.	3. Pom. de t.	3. Orge.

Pour comparer ces trois modifications nouvelles avec celles qui ont été précédemment examinées, il faut les placer dans des conditions pareilles de fécondité et de consommation de fumier. Nous supposerons donc au sol 16° de fécondité, et l'application de neuf voitures de fumier par hectare à chaque rotation triennale, quantité correspondante aux douze voitures qu'ont reçues les rotations quadriennales : dès-lors nous supposerons que le trèfle du n° C a été semé avec de l'orge dans un sol à qui il reste 16° de fécondité après l'enlèvement de l'orge, et que les neuf voitures de fumier sont étendues en couverture sur le trèfle pendant l'hiver qui suit sa semaille. En faisant le compte euphorimétrique des trois hypothèses pour quatre rotations ou douze années, on obtient les produits suivants :

N°	Grain et paille.	Foin.	Pommes de terre.	Total.	Gain de fécondité.
A.	578 f.	792 f.	778 f.	2148 f.	$+9°,12$
B.	661	907	688	2256	$+9°,99$
C.	673	1195	914	2782	$+9°,22$

La propriété d'amélioration dont jouit ce mode de culture triennale, en indique surtout l'application à des sols épuisés, qui se rétabliraient ainsi, sans une trop grande dépense de fumier, en même temps qu'ils donneraient des récoltes de plus en plus abondantes de trèfle et de pommes de terre. En effet, dans un sol d'une fécondité médiocre de 16°, qui recevrait seulement 12 voitures de fumier par hectare à chaque rotation, au lieu de 9 voitures, les produits bruts en argent des 3 numéros, dans l'espace de 12 ans, seraient par hectare :

N°s.	Grain et paille.	Foin.	Pommes de terre.	Total.	Gain de fécondité.
A.	686 f.	939 f.	932 f.	2557 f.	$+15°,14$
B.	792	1084	828	2704	$+16°$
C.	801	1431	1100	3332	$+15°,24$

Ces résultats remarquables sous plus d'un rapport et que la réflexion ne peut s'empêcher de sanctionner, démontrent de nouveau qu'il y a un avantage certain et considérable à *employer le fumier à la production des récoltes de fourrage plutôt qu'à celle des céréales.* Cette proposition, mise plusieurs fois en évidence dans le cours de ces lettres, doit être

un axiome désormais acquis à l'agriculture. Il y a des milliards
au fond de cette vérité; et l'euphorimétrie, en la rendant palpable aux agriculteurs praticiens, aura bien mérité de l'humanité
tout entière. Avant peu on la verra asseoir enfin l'agriculture
sur des bases fixes et solides, l'ériger en science exacte et positive, et ouvrir devant elle une voie d'incalculables progrès. Il
n'a fallu rien moins que ces considérations puissantes et l'impulsion d'un sentiment patriotique pour me décider à mettre au
jour un travail aussi incomplet; mais j'étais empressé de faire
pénétrer la doctrine nouvelle dans les hautes intelligences agricoles. D'autres, trouvant la route frayée, avanceront dans la
carrière : j'ose ambitionner du moins la gloire de leur avoir
montré le chemin.

<table>
<tr><td>1° de plus dans le sol augmente l'effet de la jachère de 0°,10.</td><td colspan="2">TABLE EUPHORIMÉTRIQUE
DE L'AMÉLIORATION
PRODUITE PAR LA JACHÈRE.</td><td>0°,10 de plus dans le sol augmentent l'effet de la jachère de 0°,01.</td></tr>
</table>

LE SOL		LE SOL		LE SOL		LE SOL	
ayant	gagne	ayant	gagne	ayant	gagne	ayant	gagne
1°	2,50	16°	4°	33,50	5,75	66°	9°
2	2,60	16,50	4,05	34	5,80	67	9,10
3	2,70	17	4,10	34,50	5,85	68	9,20
4	2,80	17,50	4,15	35	5,90	69	9,30
5	2,90	18	4,20	35,50	5,95	70	9,40
6	3	18,50	4,25	36	6	71	9,50
6,10	3,01	19	4,30	37	6,10	72	9,60
6,20	3,02	19,50	4,35	38	6,20	73	9,70
6,30	3,03	20	4,40	39	6,30	74	9,80
6,40	3,04	20,25	4,45	40	6,40	75	9,90
6,50	3,05	21	4,50	41	6,50	76	10
6,60	3,06	21,25	4,55	42	6,60	77	10,10
6,70	3,07	22	4,60	43	6,70	78	10,20
6,80	3,08	22,50	4,65	44	6,80	79	10,30
6,90	3,09	23	4,70	45	6,90	80	10,40
7	3,10	23,25	4,75	46	7	81	10,50
7,25	3,12	24	4,80	47	7,10	82	10,60
7,50	3,15	24,50	4,85	48	7,20	83	10,70
7,75	3,17	25	4,90	49	7,30	84	10,80
8	3,20	25,50	4,95	50	7,40	85	10,90
8,50	3,25	26	5	51	7,50	86	11
9	3,30	26,50	5,05	52	7,60	87	11,10
9,50	3,35	27	5,10	53	7,70	88	11,20
10	3,40	27,50	5,15	54	7,80	89	11,30
10,50	3,45	28	5,20	55	7,90	90	11,40
11	3,50	28,50	5,25	56	8	91	11,50
11,50	3,55	29	5,30	57	8,10	92	11,60
12	3,60	29,50	5,35	58	8,20	93	11,70
12,50	3,65	30	5,40	59	8,30	94	11,80
13	3,70	30,50	5,45	60	8,40	95	11,90
13,50	3,75	31	5,50	61	8,50	96	12
14	3,80	31,50	5,55	62	8,60	97	12,10
14,50	3,85	32	5,60	63	8,70	98	12,20
15	3,90	32,50	5,65	64	8,80	99	12,30
15,50	3,95	33	5,70	65	8,90	100	12,40

1° de plus dans le sol augmente l'amélioration de 0°,20.

TABLE EUPHORIMÉTRIQUE DE L'AMÉLIORATION

PRODUITE PAR LE TRÈFLE ET LES LÉGUMINEUSES COUPÉES EN VERT.

0°,10 de plus dans le sol augmentent l'amélioration de 0°,02.

LE SOL		LE SOL		LE SOL		LE SOL	
ayant	gagne par an	ayant	gagne par an	ayant	gagne par an	ayant	gagne par an
6°,50	0°,40	19°	3°	35°	6,20	52°	9°,60
7	0,60	19,50	3,10	35,50	6,30	53	9,80
8	0,80	20	3,20	36	6,40	54	10
9	1	20,50	3,30	36,50	6,50	55	10,20
10	1,20	21	3,40	37	6,60	56	10,40
10,10	1,22	21,50	3,50	37,50	6,70	57	10,60
10,20	1,24	22	3,60	38	6,80	58	10,80
10,30	1,26	22,50	3,70	38,50	6,90	59	11
10,40	1,28	23	3,80	39	7	60	11,20
10,50	1,30	23,50	3,90	39,50	7,10	61	11,40
10,60	1,32	24	4	40	7,20	62	11,60
10,70	1,34	24,50	4,10	40,50	7,30	63	11,80
10,80	1,36	25	4,20	41	7,40	64	12
10,90	1,38	25,50	4,30	41,50	7,50	65	12,20
11	1,40	26	4,40	42	7,60	66	12,40
11,25	1,45	26,50	4,50	42,50	7,70	67	12,60
11,50	1,50	27	4,60	43	7,80	68	12,80
11,75	1,55	27,50	4,70	43,50	7,90	69	13
12	1,60	28	4,80	44	8	70	13,20
12,50	1,70	28,50	4,90	44,50	8,10	71	13,40
13	1,80	29	5	45	8,20	72	13,60
13,50	1,90	29,50	5,10	45,50	8,30	73	13,80
14	2	30	5,20	46	8,40	74	14
14,50	2,10	30,50	5,30	46,50	8,50	79	15
15	2,20	31	5,40	47	8,60	84	16
15,50	2,30	31,50	5,50	47,50	8,70	89	17
16	2,40	32	5,60	48	8,80	94	18
16,50	2,50	32,50	5,70	48,50	8,90	99	19
17	2,60	33	5,80	49	9	100	19,20
17,50	2,70	33,50	5,90	49,50	9,10		
18	2,80	34	6	50	9,20		
18,50	2,90	34,50	6,10	51	9,40		

<table>
<tr><td>1° de plus dans le sol augmente l'amélioration de 0°,20 (1).</td><td colspan="6">

TABLE EUPHORIMÉTRIQUE

DE L'AMÉLIORATION

PRODUITE PAR LE PATURAGE SEMÉ.

</td><td>0,10 de plus dans le sol augmente l'amélioration de 0°,02 (1).</td></tr>
</table>

LE SOL		LE SOL		LE SOL		LE SOL	
ayant	gagne par an	ayant	gagne par an	ayant	gagne par an	ayant	gagne par an
1°	1°	6,80	2,16	9,90	2,78	20°	4,80
2	1,20	6,90	2,18	10	2,80		
3	1,40	7	2,20	10,10	2,82	20,10	4,81
4	1,60	7,10	2,22	10,20	2,84	20,20	4,82
4,10	1,62	7,20	2,24	10,30	2,86	20,30	4,83
4,20	1,64	7,30	2,26	10,40	2,88	20,40	4,84
4,30	1,66	7,40	2,28	10,50	2,90	20,50	4,85
4,40	1,68	7,50	2,30	10,60	2,92	20,75	4,87
4,50	1,70	7,60	2,32	10,70	2,94	21	4,90
4,60	1,72	7,70	2,34	10,80	2,96	21,25	4,92
4,70	1,74	7,80	2,36	10,90	2,98	21,50	4,95
4,80	1,76	7,90	2,38	11	3	21,75	4,97
4,90	1,78	8	2,40	11,25	3,05	22	5
5	1,80	8,10	2,42	11,50	3,10	23	5,10
5,10	1,82	8,20	2,44	11,75	3,15	24	5,20
5,20	1,84	8,30	2,46	12	3,20	25	5,30
5,30	1,86	8,40	2,48	12,50	3,30	26	5,40
5,40	1,88	8,50	2,50	13	3,40	27	5,50
5,50	1,90	8,60	2,52	13,50	3,50	28	5,60
5,60	1,92	8,70	2,54	14	3,60	29	5,70
5,70	1,94	8,80	2,56	14,50	3,70	30	5,80
5,80	1,96	8,90	2,58	15	3,80	31	5,90
5,90	1,98	9	2,60	15,50	3,90	32	6
6	2	9,10	2,62	16	4	33	6,10
6,10	2,02	9,20	2,64	16,50	4,10	34	6,20
6,20	2,04	9,30	2,66	17	4,20	35	6,30
6,30	2,06	9,40	2,68	17,50	4,30	36	6,40
6,40	2,08	9,50	2,70	18	4,40	40	6,80
6,50	2,10	9,60	2,72	18,50	4,50	42	7
6,60	2,12	9,70	2,74	19	4,60	45	7,30
6,70	2,14	9,80	2,76	19,50	4,70	50	7,80

(1) Au-delà de 20°, 1° de plus dans le sol ne fait augmenter que de 0°,10 l'amélioration produite par le pâturage.

TABLEAU

DE LA QUANTITÉ DE PAILLE

que donnent en poids les différentes espèces de céréales.

	NOMBRE d'hectolit.	QUANTITÉ de paille.		NOMBRE d'hectolit.	QUANTITÉ de paille.
Blé.	1	168 kilogr.	Orge.	1	98 kilogr.
	2	336		2	196
	3	504		3	294
	4	672		4	392
	5	840		5	490
	6	1008		6	588
	7	1176		7	686
	8	1344		8	784
	9	1512		9	882
	10	1680		10	980
Seigle.	1	196	Avoine.	1	78
	2	392		2	156
	3	588		3	234
	4	784		4	312
	5	980		5	390
	6	1176		6	468
	7	1372		7	546
	8	1568		8	624
	9	1764		9	702
	10	1960		10	780

NOTA. Ces évaluations de paille ont été indiquées par le baron *Crud* dans son *Economie de l'Agriculture*. Croyant qu'il les avait puisées dans *Thaër*, dont il est le traducteur, et qu'il n'avait fait que les rapporter en mesures françaises, je m'en suis servi pour estimer les quantités de paille dans mes comptes euphorimétriques. Cependant, j'ai, depuis, réduit moi-même en mesures françaises les évaluations données par *Thaër*, et je les ai trouvées inférieures à celles présentées par son traducteur.

Suivant *Thaër*,

1 hectol. de blé donne, *en moyenne*, 156 kilogr. de paille;

—	de seigle	—	182	id.
—	d'orge	—	91	id.
—	d'avoine	—	72	id.

Il estime que

1 hectol. de blé pur pèse, en moyenne, 78 kilogrammes.

—	de seigle	—	73	id.
—	d'orge	—	58	id.
—	d'avoine	—	44	id.
—	de pommes de terre	—	85	id.

TABLE DES MATIÈRES.

EUPHORIMÉTRIE. — Exposition de son but, de ses principes et de leur application. . . . . Page v

PREMIÈRE LETTRE. Sommaire. — Comparaison de trois assolements. — Fumier donné au premier labour de jachère. — Produit *en sus de la semence*. — Utilité des Tables euphorimétriques. — Assolements triennal et quadriennal. — 1 voiture de fumier de 1000 kilogrammes sur 1 hectare représente 1° de fécondité. — Absorption de fécondité par les diverses céréales. — Valeur relative des diverses céréales. — Ce qui constitue le meilleur assolement. — Comparaison des assolements triennal, quadriennal et *rationnel*, pratiqués avec une très-forte fumure. — Modification de l'assolement rationnel pratiqué sur un sol pauvre avec très-peu de fumier. — Le fumier doit être appliqué aux récoltes à fourrage et aux pâturages semés plutôt qu'aux céréales. — Les variations de température dans les diverses années n'infirment pas l'exactitude des calculs *comparatifs* de l'euphorimétrie. — Produit absolu de 50 voitures de fumier, ou de 50° de fécondité. . . . . . Page 1

DEUXIÈME LETTRE. Sommaire. — Emploi du fumier à la production des fourrages plutôt qu'à celle des céréales. — Explication succincte des principes de l'euphorimétrie. — Différence entre l'*effet* de l'absorption et la *puissance* d'absorption. — Ce que 1 voiture de fumier produit en diverses céréales. — Le blé épuise plus que le seigle. — Le blé absorbe 40 pour 100 de la fécondité du sol, le seigle 30 pour 100, l'orge et l'avoine 25 pour 100. — L'orge épuise autant que l'avoine, et produit moins en volume. — Produit des diverses céréales résultant de 1 degré entier de fécondité absorbé par chacune d'elles — Ce que 1 hectolitre de chacune d'elles absorbe de fécondité. — Comment on connaît la quantité de fécondité existante dans un sol. — Les récoltes de céréales répétées sans interruption l'épuiseraient entièrement. — Principaux moyens de rendre au sol la fécondité que les céréales lui ont enlevée. — Le fumier. — Son effet peut varier quelquefois d'intensité d'après la constitution physique du sol. — La jachère. — Les légumineuses coupées en vert. — Les légumineuses enfouies. — Le pâturage semé. — Le fumier doit être employé à la production des fourrages plutôt qu'à celle des céréales. — Art véritable des assolements. . . . . Page 19

TROISIÈME LETTRE. Sommaire. — Divergence d'opinions des agronomes allemands sur l'épuisement causé par diverses plantes autres que les céréales. — Epuisement causé par les légumineuses récoltées en grain, sarclées et non sarclées. — Epuisement causé par les récoltes de racines. — Distinction entre celles qui sont enlevées après avoir accompli leur végétation, et celles qui sont enlevées avant. — Epuisement causé par les premières, et spécialement par la pomme de terre. — Epuisement causé par les secondes. — Epuisement causé par les *pseudo-céréales*, le maïs, le millet, le sarrasin. — Assolement le plus productif pour un sol très-pauvre qu'on veut améliorer, et à qui on ne peut donner que très-peu de fumier. — Assolements triennal, quadriennal et *rationnel* comparés. . . . . Page 41

QUATRIÈME LETTRE. Sommaire. — En quoi consiste le meilleur assolement. — L'assolement quadriennal produit moins et plus chèrement que l'assolement triennal. — Il y a avantage à semer *seule* une légumineuse à faucher, plutôt que de la semer dans une céréale. — Rapport de convention entre la fécondité du sol et la quantité produite de trèfle, de luzerne et de sainfoin. — Les légumineuses à faucher, semées dans une céréale insuffisamment fumée, diminuent de produit à chaque rotation ; ce qui a fait croire que la terre *se lassait* de les produire trop souvent. — Comparaison de cinq assolements. — Rapport de convention entre la fécondité du sol et la quantité de pommes de terre produite. — Le trèfle semé seul donne les récoltes les plus abondantes ; celui qui est semé dans une céréale de printemps qui suit une céréale d'automne donne les plus chétives. — L'assolement où le trèfle est semé seul, s'il est suivi pendant plus d'une rotation, donne plus de céréales et à moins de frais que les autres, et il améliore beaucoup plus le sol. — Origine de l'assolement quadriennal. — Brillantes espérances qu'il avait fait concevoir, et revers qui l'ont suivi. — Les légumineuses à fourrage ne devraient jamais être semées dans une céréale de printemps qui succède à une céréale d'automne. — Quand elles sont semées seules, elles commencent à accroître la fécondité du sol dès l'année de leur semaille. — Les matériaux de fécondité qu'elles ont apportés au sol arrivent successivement à l'état soluble en autant d'années qu'ils en ont mis à s'y amasser.................... Page 67

CINQUIÈME LETTRE. Sommaire. — Le raisonnement et les notions déjà acquises doivent guider dans la recherche du meilleur assolement. — Assolement de la plaine de Nîmes comparé aux assolements triennal et quadriennal. — Ses produits confirment plusieurs propositions précédemment énoncées. — L'assolement rationnel indiqué par l'euphorimétrie n'en est qu'une modification. — Comparaison de l'assolement rationnel avec les assolements triennal et quadriennal, et avec celui de la plaine de Nîmes.................... Page 91

SIXIÈME LETTRE. Sommaire. — Moyen d'appliquer l'assolement rationnel à toute exploitation agricole sans aucune avance de fonds, avec diminution de frais de culture et accroissement graduel de revenu. — L'assolement triennal oblige le cultivateur à employer toute sa paille. — L'assolement quadriennal le force d'en acheter. — L'assolement rationnel, consommant peu de fumier, permet de vendre du fourrage et même de la paille.................... Page 121

SEPTIÈME LETTRE. Sommaire. — Soins à donner au fumier pour n'en point perdre et en tirer le meilleur parti possible. — Opinion d'*Humphry Davy* et de *Thaër* sur l'emploi immédiat du fumier. — Le fumier doit être appliqué au premier labour de la jachère. — Éloge de *Thaër*. — Le foin est préférable aux racines pour la nourriture d'hiver du bétail. — Leur culture est dispendieuse, et doit être restreinte au strict nécessaire de l'exploitation. — L'assolement quadriennal qui les produit est susceptible de nombreuses modifications. — Le blé d'automne qui suit les pommes de terre doit être semé en février. — L'assolement quadriennal, producteur de racines, est amélioré par la substitution d'une céréale de printemps à son blé. — Il l'est encore davantage par la suppression de l'une de ses deux céréales, et sa conversion en culture triennale. — Il est propre alors à rétablir des sols épuisés. — Le fumier qui lui est donné doit être appliqué au trèfle plutôt qu'à aucune autre des récoltes qui le composent. — L'emploi du fumier à la production des récoltes de fourrage plutôt qu'à celle des céréales doit devenir un axiome en agriculture.................... Page 149

Table Euphorimétrique pour la jachère.................... Page 178

Table Euphorimétrique pour les légumineuses coupées en vert. Page 179

Table Euphorimétrique pour le pâturage semé.................... Page 180

Tableau du rapport du produit de la paille au produit du grain. Page 181

FIN DE LA TABLE DES MATIÈRES.